国家出版基金项目
NATIONAL PUBLICATION FOUNDATION

"十三五"国家重点图书出版规划项目

流域生态安全研究丛书　　主编　杨志峰

河流岸带湿地栖息地完整性评估

刘静玲　马　康　史　璇　尤晓光　杨志峰　等 著

中国环境出版集团·北京

图书在版编目（CIP）数据

河流岸带湿地栖息地完整性评估/刘静玲等著. —北京：
中国环境出版集团，2022.9

（流域生态安全研究丛书/杨志峰主编）

"十三五"国家重点图书出版规划项目　国家出版基金项目

ISBN 978-7-5111-4981-7

Ⅰ. ①河…　Ⅱ. ①刘…　Ⅲ. ①海河—沼泽化地—
栖息地—完整性—评估　Ⅳ. ①X171.4

中国版本图书馆 CIP 数据核字（2021）第 259827 号

出 版 人	武德凯	
责任编辑	宋慧敏　周　煜	
责任校对	薄军霞	
封面设计	艺友品牌	

出版发行　中国环境出版集团
　　　　　（100062　北京市东城区广渠门内大街 16 号）
　　　　　网　　　址：http://www.cesp.com.cn
　　　　　电子邮箱：bjgl@cesp.com.cn
　　　　　联系电话：010-67112765（编辑管理部）
　　　　　发行热线：010-67125803，010-67113405（传真）

印　　　刷	北京中科印刷有限公司	
经　　　销	各地新华书店	
版　　　次	2022 年 9 月第 1 版	
印　　　次	2022 年 9 月第 1 次印刷	
开　　　本	787×1092　1/16	
印　　　张	13	
字　　　数	255 千字	
定　　　价	68.00 元	

中国环境出版集团郑重承诺：

中国环境出版集团合作的印刷单位、材料单位均具有中国环境标志产品认证。

总　序

近年来，高强度人类活动及气候变化已经对流域水文过程产生了深远影响。诸多与水相关的生态环境要素、过程和功能不断发生变化，流域生态系统健康和生态完整性受损，并在多个空间和时间尺度上产生非适应性响应，引发水资源短缺、水环境恶化、生境破碎化和生物多样性下降等问题，导致洪涝、干旱等极端气候事件的频率和强度增加，直接或间接给人类生命和财产带来了巨大损失，维护流域或区域生态安全已成为迫在眉睫的重大问题。

党中央、国务院历来高度重视国家生态安全。2016 年 11 月，国务院印发《"十三五"生态环境保护规划》，明确提出"维护国家生态安全"，并在第七章第一节详细阐述。2017 年 10 月，党的十九大报告提出"实施重要生态系统保护和修复重大工程，优化生态安全屏障体系，构建生态廊道和生物多样性保护网络，提升生态系统质量和稳定性。"2019 年 10 月，《中共中央关于坚持和完善中国特色社会主义制度　推进国家治理体系和治理能力现代化若干重大问题的决定》明确提出"筑牢生态安全屏障"。一系列国家重大规划和战略的出台与实施，有效遏制了流域或区域的生态退化问题，保障了国家的生态安全，促进了经济社会的可持续发展。

长期聚焦于高强度人类活动与气候变化双重作用对流域生态系统的影响和响应这一关键科学问题，我的团队开展了系列流域或区域生态安全研究，承担了多个国家级重大（点）项目、国际合作项目、部委和地方协作项目，取得了系列论文、专利、咨询报告等成果，希望这些成果能够推动生态安全学科体系建设和科技发展，为保障流域生态安全和社会可持续发展提供重要支撑。

　　"流域生态安全研究丛书"是近年来在流域生态安全研究领域相关成果的重要体现，集中展现了在流域水电开发生态安全、流域生态健康、城市水生态安全、水环境承载力、河湖水系网络、城市群生态系统健康、流域生态弹性、湿地生态水文等多个领域的理论研究、技术研发和应用示范。希冀丛书的出版可以推动我国流域生态安全研究的深入和持续开展，使理论体系更加完善、技术研发更加深入、应用示范更加广泛。

　　由于流域生态安全的研究涉及多个学科领域，且受作者水平所限，书中难免存在不足之处，恳请读者批评指正。

杨志峰

2020 年 6 月 5 日

前　言

　　湿地是全球三大生态系统之一，具有涵养水源、调蓄洪水、净化水质等重要功能，在维系流域水量平衡、减轻洪涝灾害和保护生物多样性等方面发挥着不可替代的作用，是地球上重要的天然蓄水库和物种基因库，支撑着人类的经济社会和生存环境的可持续发展。20 世纪 70 年代以来，我国生态危机日益加剧，湿地生态系统退化已成为制约我国经济社会可持续发展的突出生态问题。面对资源约束趋紧、环境污染严重、生态系统退化的严峻形势，保护和恢复各种类型的湿地、提升湿地生态系统服务质量具有十分重要的学术价值和实践意义。

　　生态兴则文明兴，生态衰则文明衰。湿地作为与人类活动息息相关的生态系统，其健康状况直接影响着生态环境质量和人民的福祉，直接关乎生态文明建设成效。2016 年 11 月，国务院办公厅印发了《湿地保护修复制度方案》；此后，全国 31 个省（自治区、直辖市）和新疆生产建设兵团相继出台实施方案，为完善湿地保护管理制度体系和推进湿地生态修复工程奠定了良好基础。在"十三五"期间，我国统筹推进湿地保护与修复工作，在一定程度上增强了湿地生态功能，保护了湿地生物多样性。2022 年 6 月 1 日起施行的《中华人民共和国湿地保护法》规定，国家对湿地实行分级管理，将湿地分为重要湿地和一般湿地，其中重要湿地包括国家重要湿地和省级重要湿地，重要湿地依法纳入生态保护红线。

　　河流生态系统是集人类活动、动植物群落演替及自然环境变化等在内的复杂体系，是全球生态系统的重要组成部分。河流的流动塑造了物理栖息地，如浅滩、深潭、浮岛以及岸带湿地栖息地。岸带湿地是陆地与水体环境之间的连接区域和交互区域，河流岸带湿地栖息地被认为是最多样、最具动态和最复杂的栖息地。河流岸带湿地栖息地受水文因子和环境因子的交互作用，生态效应复杂，具有重要的和无法取代的生态服务功能。近年来，不断加剧的人类活动在对水资源的质和量产生严重威胁的同时，也严重扰动了河流岸带湿地栖息地赖以生存的物质循环和能量流动过程。人类活动强烈改变了岸带土地利用方式和河流自然水文情势，影响了岸带湿地栖息地的生态完整性。

本书以海河重要支流滦河的岸带湿地生态系统为研究对象，针对如何保障流域湿地栖息地完整性这一基础科学问题，以国内外本领域最新研究成果和栖息地完整性评价模型作为理论和方法支撑，综合运用地理信息系统、统计分析和生态模型等方法，在"流域—水系—河段"多个尺度上分析了闸坝运行、土地利用方式改变对河岸漫滩植被的影响。辨识了水文因子、水质因子和沉积物重金属等多因子对河流底栖动物栖息地完整性的复合贡献率；通过构建植被种群动态模型和底栖动物栖息地完整性模型，模拟了不同水文因子和环境因子复合作用下植被种群演替和底栖动物生物量季节性变化；在流域尺度下评估河流岸带湿地栖息地完整性，为河流岸带湿地栖息地的生态恢复和管理提供科学支撑。

本书共分为 8 章：第 1 章为河流岸带湿地栖息地完整性理论体系，阐述了生态完整性理论的发展历程、湿地栖息地完整性理论体系及发展前沿；第 2 章为河流岸带湿地栖息地完整性评价方法，针对河流栖息地的特点，探讨了河流岸带湿地栖息地完整性评价方法，以上两章是研究流域湿地栖息地完整性的理论基础；第 3 章为滦河岸带湿地生物分布格局，以海河流域重要支流滦河为对象，研究了滦河岸带湿地生物的分布格局，明确了植被和底栖动物的分布特征；第 4 章为滦河岸带湿地人为影响因子识别，通过解析滦河流域土地利用变化特征，识别了影响滦河岸带湿地完整性的主要因子；第 5 章为滦河流域大中型闸坝水文生态效应，探讨了滦河流域大中型闸坝水文生态效应，揭示了滦河流域水库对下游河流的水文影响，建立了流域闸坝水生态效应评估体系；第 6 章为滦河岸带湿地栖息地完整性评估，基于滦河底栖动物分布特征，构建了河流栖息地完整性指数和评估模型，解析了滦河岸带湿地栖息地完整性的时空变化，并探讨了水文环境对滦河栖息地完整性的复合效应；第 7 章为水文环境复合作用下植物和底栖动物群落模型模拟和预测，分别基于植物群落和底栖动物群落，建立了湿地栖息地植被种群动态模型和动物食物网模型，并提出了河流栖息地完整性恢复方案；第 8 章为结论与展望，总结了河流岸带湿地栖息地完整性的主要研究成果，对本领域的研究前沿与发展趋势进行了展望。

本书分工如下：全书大纲设计和前言由刘静玲、杨志峰完成；第 1 章由刘静玲、马康完成；第 2 章由刘静玲、史璇、尤晓光完成；第 3 章由刘静玲、史璇、尤晓光完成；第 4 章由史璇、李毅、马康、刘静玲完成；第 5 章由尤晓光、马康、刘静玲完成；第 6 章由史璇、尤晓光、刘静玲完成；第 7 章由尤晓光、史璇、刘静玲、马康完成；第 8 章由刘静玲、杨志峰完成；全书由刘静玲、马康统稿，杨志峰审定。

北京师范大学环境学院及合作单位的知名教授及学者对科学研究的开展和本书的写作给予了科学的指导和真诚的帮助。本书是在水体污染控制与治理科技重大专项"海河流域河流生态完整性影响机制与恢复途径研究"（2012ZX07203006）和国家自然科学基金项目"河口水生态风险响应机制研究"（41271496）等科研项目支持下取得的成果凝练而成的，在此一并表达衷心的感谢！

湿地栖息地的保护与恢复之路任重而道远，需要相关政府部门、企业、科研单位以及全社会公众的全方位参与，兼顾生态效益、经济效益和社会效益。衷心希望我们阶段性的研究成果能够推动河流湿地栖息地保护与恢复方面的科学研究，引发全社会对流域湿地管理亟需解决的科学问题的关注与探索。

期待本书的出版有助于多尺度河流湿地栖息地完整性保障和流域水生态系统适宜性管理相关领域管理水平的提升，推动跨学科的交叉与融合，努力为湿地生态保护与恢复提供重要的科学依据和科技支撑。

百廿京师滋兰蕙，双甲木铎振新声。2022 年，北京师范大学将迎来 120 周年华诞。我们仅以此书贺之，吾辈将秉承"学为人师，行为世范"的校训精神，牢记育人使命，助力"一体两翼"，努力追求卓越和创新！

著者

2022 年春于北京师范大学

目　录

第1章　河流岸带湿地栖息地完整性理论体系

1.1　河流栖息地完整性的概念

工业革命以来，由于人类活动的直接或间接影响，全球河流生态系统普遍退化严重（Maddock，2010）。例如，许多天然河道被人为裁弯取直，河流岸带植被及河流水生栖息地环境失去了原有的多样性。同时，由于航运、供水、控制洪水、电力生产和流域间调水的需要，人类修建了大量的闸坝、水库等水利设施，改变了河流自然的流动性特征、水陆循环特征及河道物理结构，加剧了水资源短缺和水生态系统的退化（Petts，2009）。在严峻的生态恶化形势下，美国于 1972 年提出生态完整性的理论概念，目的是恢复和保障自然水体的化学完整性、物理完整性和生物完整性（Johnston，1972）。

完整性（integrity）指生态系统支持和保护其生物要素和非生物要素间平衡、完整和相互适应的属性（杨涛，2013；Davies et al.，2006）。生态完整性主要包括生态系统过程和生态系统功能的完整性，指生态系统中生物要素和非生物要素相互作用并组成一个有机整体，生态系统维持各生态因子相互关系并达到最佳状态的自然特性，主要反映生态系统在外来干扰下维持自然状态、稳定性和自组织能力的程度，在一定程度上反映生态系统的健康程度（杨涛，2013；Grenyer et al.，2006）。生态完整性具有以下 3 个方面的特征：①生态健康状况较好，生态系统具有自我维持和良性发展的能力；②在一定的阈值范围内，生态系统受到外部胁迫时具有较强的抵抗力和恢复力，能恢复其正常的结构和功能；③自组织能力较好，即生态系统具备使结构和功能更加稳定、更加完善的能力。河流生态完整性是物理完整性、化学完整性和生物完整性的综合体现。

栖息地（habitat）指的是生物的居住场所，即生物个体、种群或群落能在其中完成生命史过程的空间，不仅包括维系生命有机体生存的自然条件，还包括生物体种内和种间的相互影响，是影响生物生存繁衍的生物因素和非生物因素的有机结合（Jowett，1997）。栖息地是河流生态系统的重要组成部分，良好的栖息地环境是保持河流生态完整性的必要条件（张远等，2007）。栖息地完整性指"在与自然栖息地特性可比的一定时空尺度上，保持物化组分的平衡完整及栖息地特征"，其以保障生态系统健康为前提，是支持和维系栖息地特征平衡和完整组分的能力，重点关注生态系统关键物种的生命周期及可持续性。

河流水生态系统的生产力由以下 4 个关键因素决定：水质、能量收支平衡（温度、有机物和营养构成）、河道物理结构（宽度、湿周、断面形态、坡度、底质构成、糙率、河流岸带组成及结构）和流量分布。河流水生态系统地貌过程决定河流形态，进而决定河流生物要素的生境结构，而良好的生境结构是河流生态健康的基础。河道物理结构和流量分布构成了河流生物栖息地环境的主要因子（Stalnaker，1979）。河道栖息地物理组分是河流生态系统的基础，同时物理栖息地在很大程度上受人类对河流服务功能的需求影响。人类对河流服务功能的需求主要包括防洪（河道改造）和水资源利用（流量调节）等。人类活动通常通过改变河流地质（河道形状、底质粒径、拦截物）和流态（包括流量的多种水动力形式）等，对物理栖息地施加影响。Harper 等（1995）基于河道物理结构特征及流量分布特征的关系、河流物理环境及其栖居者的关系，认为河流栖息地是一个包括河流地形特征、河道形态特征、河流流动性特征（能流、物流、信息流）、河流使用特征、河流岸带土地利用特征、河流景观特征等 6 项特征（如表 1-1 所示），并影响哺乳动物、鸟类、植被、鱼类、底栖动物等的分布的综合体。Maddock（2010）认为河流栖息地是水生生物重要的生存空间，其时间和空间上的变化机制由河流的形态结构特征和水文交互作用机制共同决定。

表 1-1　河流栖息地特征

河流栖息地特征	属性指标	参考文献
河流地形特征	水系面积、河道平均坡度、河道平均高度、流域土壤最大持水量、土壤下渗量	Alcázar et al.，2008
河道形态特征	河道比降［（河道高点高程−低点高程）/水平距离］、蜿蜒度	夏霆等，2007；Alcázar et al.，2008
河流流动性特征	纵向连续性（闸坝控制河段长度/总河长）、横向连续性（河床固化面积/总河床面积）	夏霆等，2007；张远等，2007
河流使用特征	河流使用功能（饮水供给、灌溉、排污、泄洪、景观娱乐、水产养殖）	Maddock，1999
河流岸带土地利用特征	河流岸带土地利用类型（耕地、道路、缓冲林带等）	张远等，2007
河流景观特征	河流景观丰富度（河流岸带廊道、斑块丰富度）	Maddock，1999

1.2 河流栖息地完整性的研究进展

在不同的尺度下，栖息地完整性评估的方法不尽相同，尺度的选择将影响河流栖息地评估结果的客观性。针对不同尺度的河流，需要采用不同的评估指标体系和方法（如图 1-1 所示）。按照尺度由小到大，河流栖息地可分为枯枝落叶、底质、浅滩、深塘等微观栖境，河段、基质、斑块、廊道等中观栖境，以及水系和流域等宏观栖境（赵进勇等，2008）。尺度越小，河流栖息地对外界扰动越敏感，生态恢复所需时间就越短（Frissell et al.，1986）；反之，恢复的难度就越大，恢复所需时间就越长。

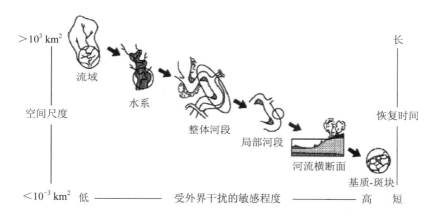

图 1-1　河流栖息地尺度分类

在河流栖息地调查中，针对特定目的的河流分类尤为重要。从河流源头到河口的纵向特征中，观测调查一定河流长度单元，可反映其水文、地质和生态特征等（Belletti et al.，2017；Newson et al.，2000）。根据空间尺度，河流生物栖息地可大致分为宏观栖息地（macro-habitat，流域和整体河段）、中观栖息地（meso-habitat，河段和深潭或浅滩序列）和微观栖息地（micro-habitat，流态、河床结构、岸边覆盖物等局部生境）3 种类型，栖息地完整性也具有相应的 3 个尺度类型。总结河流栖息地分级研究框架，从宏观尺度、中观尺度、微观尺度对河流栖息地进行划分，其空间单元、主要过程属性及其描述如表 1-2 所示。

表 1-2　河流栖息地分级研究单元

尺度	过程属性单元	调研采样单元	描述
宏观	流域	流域	保护策略的管理单元
中观	水系	水系	土地利用控制，梯度，地形，补给
	河段	河段	底质源汇，形态
	水文形态单元	横断面	纵向控制群落生境，栖息地调查
微观	生境群落	点位	表面流态类型，水深流速指数
	栖息地斑块	点位	底质-水流作用，生物群落

表 1-2 中既包含描述过程现象的"真实"尺度，也包含为调研采样而设定的"虚拟"尺度。从适用于整个流域的"河流连续体"等综合性概念到"中尺度"或"栖息地尺度"、子河段水动力"斑块"，再到非常局部的河流水动力小尺度，都是非常重要的。其中，"中尺度"方法能更好地反映河段内水深、流速、底质、覆盖条件及生物群落分布特性，中尺度栖息地是在水系和河段尺度下，河道内形象化的、具有明显特征的栖息地单元，从河岸能够明显识别，具有显著物理均匀性。中尺度栖息地理论包含的主要概念有"水文形态单元"（hydromorphologic units）、"水动力群落生境"（hydraulic biotope）、"群落生境"（physical biotope）、"功能性栖息地"（functional habitat）等，群落生境示意如图 1-2 所示。

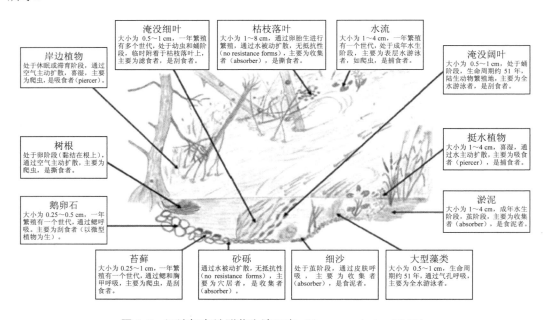

图 1-2　河流栖息地群落生境示意（Demars et al., 2012）

与小尺度栖息地方法相比，中尺度栖息地方法忽略了一些具体细节，可以显示更大时空尺度的生态格局，更能代表整体系统特征，且更符合水生生物活动特性，也更适用于水生态管理。不同的河流类别（A 类、B 类、C 类，不同大小、不同生态区）在生物状态梯度中具有一定的位置（如图 1-3 所示）；最少受干扰状态（least disturbed condition，LDC）在不同类型的河流中所处的生物状态是不同的；可达到的最佳状态（best attainable condition，BAC）在最小受干扰状态（minimally disturbed condition，MDC）和最少受干扰状态之间变化。

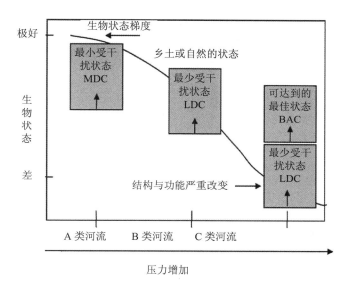

图 1-3　生物状态对压力响应的概念模型

河流水生态系统是一个连续的整体系统，各组分在 3 个空间维度（纵向、横向和垂向）上相互作用。Vannote 等（1980）提出了河流连续体（river continuum）的概念，认为河流从源头、中游到下游，河流水生态系统的宽度、深度、流速、流量、水温等物理变量具有连续变化的特征。Ward 等（1983）在河流连续体概念的基础上，提出了河流四维理论模型（如图 1-4 所示），认为河流水生态系统在纵向、横向、垂向和时间尺度上具有连续性分布特征。

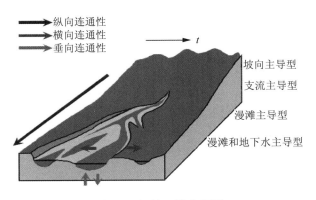

图 1-4　河流四维坐标图

在流域尺度下，河流栖息地完整性不仅包括河段尺度上栖息地的完整性，还包括流域尺度上河流纵向、横向和垂向的连通性。纵向连通性指的是河流上游、中游、下游水文、水生生物群落分布的连通性及水生生物物种迁徙通道的畅通性；是从河流上游山前带集水区到下游河口区域的水文情势、水力条件组成和生物要素的连续程度，包括河流上游、中游、下游空间结构和景观格局的异质性，以及河流在纵向维度上的自然蜿蜒性，是河流生态健康的一个重要性质。横向连通性指的是河流横穿洪泛平原与河流岸带廊道、基质、斑块之间能量流、物质流和信息流交换通道的连通性，通常包括河流水生态系统横断面的多样性，岸坡的透水性和多孔性，以及河流岸带水-陆交错带、洪泛平原和湿地等子生态系统的连通性；连通性是河流与陆地生态系统在能量流动、物质交换和水文循环等方面的连续性和稳定性的重要保障。垂向连通性指河流与地下水相互补给通道的畅通性及水文演化机制的连续性。

河流生态系统在横向上通过河漫滩、浅潭、深塘、河岔、岸坡集水区等与陆地生态系统相连通，以水域—湿地—陆地的连续形式，具备完整的能量流、物质流和信息流交换，保证了水-陆生态系统的能量流、物质流和信息流交换的连续性及河流水生生物—河流岸带两栖生物—陆地动物的自由迁徙。在垂直向上，河流生态系统的连续性指的是河川径流与地下水的相互转化，伴随河流底质、土壤、地下水与地表径流间物质和能量的流动和转化。自然条件下的河流生态系统有着连续的地表水与地下水交换机制，地下水通过土壤的毛细作用保持地表的湿润，地表水通过渗漏、渗透补充地下水。对北方干旱和半干旱地区的季节性河流而言，这一过程尤为重要，如枯水期河流径流量减少、河流水位降低，地下水补充地表水，而丰水期河流水量增加、水位增高，地表水补充地下水，保证了河流水文循环机制的完整性。

因此，在流域尺度下，河流水生态系统的栖息地完整性评估需要综合考虑河道、洪泛平原内湿地及河口三类子生态系统的结构和功能特性，并且应包括水文情势及流态、河流景观地貌、水质和生物要素四大类要素。

（1）水文情势及流态

有学者认为河流的水文情势（hydrological regime）可用流量、频率、持续时间、出现时机和变化率等参数表示（Poff et al.，2010）。水文情势是河流栖息地完整性的重要组成要素，河流生物群落的组成和结构及其生物过程与河流特定的水文情势具有高度的相关性（Knight et al.，2008）。周期性（通常以年为单位）的水文情势变化为水生生物、河流岸带过渡带水陆两栖生物和涉禽等生物的生命活动提供了必要的条件。周期性的洪水脉冲将河道与洪泛平原动态地联系在一起，促进了河流生态系统与陆地生态系统间的能量流动和物质循环，同时也为河流水生态系统的正向演替提供了重要条件。河流流态（flow regime）指的是河流的水力学因子构成，由流速、水深、湿周、水面宽、水力坡度、河床糙率等水力学因子构成，是水生栖境的重要组成要素。水生生物均有适宜其生存的特定水力学条件，任何水力学要素的改变都会对水生生物的生存及繁衍产生影响。

（2）河流景观地貌

河流景观地貌（river landscape morphology）构成了河流的景观格局（landscape pattern）。在景观尺度下，河流廊道景观格局的异质性为河流与洪泛平原及湿地保持连通性，以及河流生态系统和河流岸带过渡带生态系统间能量流动、物质循环和信息交换的畅通提供了物理保障。同时，河流形态是栖息地保护和恢复的决定性因素（Hauer et al.，2013）。

（3）水质

水质（water quality）是水体质量的简称，是水体物理特性、化学特性和生物特性的综合体现。良好的水质是水生生物正常生存的必要条件。

（4）生物要素

生物要素（biotic component）主要涉及浮游动物和底栖动物，它们是河流生态系统食物链的重要组成部分，是鱼类的食物来源，同时又是河流底质构成和栖境复杂程度的重要标志。浮游动物的群落组成和结构能很好地表征河流主河道与洪泛平原的连通性及洪泛平原栖息地的复杂性（Górski et al.，2013），也能较好地表征栖息地完整性的优劣。

河流调查的主要目的是：①确定特定属性的调查名录及属性随时间的改变；②收集数据，支持河流类型分类，或根据特定标准对河流进行评价；③确定具有特殊性质或需要特殊管理的点位（Davenport et al.，2004）。调查结果使研究者能更好地认识河流形态学和水力学的相关性，更好地认识河流生态系统，这对栖息地模型或不同措施和水利设施的影响评价都很重要。由于城市发展、水体污染及闸坝等问题，许多城市河流显著退化（Tonina，2013），尤其是河道固化等工程对河流生物群落产生显著的负作用。城市河流的严重退化对河道生态系统健康及其稳定性都构成了巨大威胁（Gostner et al.，2013）。

目前有许多河流生态水文形态和生态评价方法（孟现勇等，2017；Newson et al.，2000；Glenn，2011；Gostner et al.，2013）。目前，河流调查与评价方法没有统一标准，评价指标体系较多，开展评价工作时可根据河流的水文生态条件，选用相应的调查指标体系和评价计算方法。表 1-3 列出了各国主要的河流栖息地调查评价方法。

表 1-3 不同国家主要的河流栖息地调查评价方法

国家	方法	参考文献
英国	河流生境调查	Raven et al.，2000
德国	概览调查（大河）、现场勘测（中小型河流）	Lawa et al.，2000；Kern et al.，2002
澳大利亚	栖息地调查	Muhar et al.，2000
瑞典	河岸和沟渠环境调查	Petersen，1992
意大利	河流功能指数	Siligardi et al.，2000
澳大利亚	澳大利亚河流评估系统	Parsons et al.，2002
美国	栖息地评价指数	Rankin，1995
美国	河流生物评估导则	Barbour et al.，1999

总体而言，目前一些评价方法中类别指标层次下指标参数的定量化研究尚不完善，评价体系计算结果的可比性有待改进。河流的调查评价应为河流分类及栖息地完整性研究的代表性点位做铺垫。因此，评价类别的比较分类更为重要，且在水系和河段上对参照系统选择及河流水文生态响应关系的研究非常重要。

栖息地模型是研究河流生态功能的重要工具，能够对指示物种的栖息地状况进行定量评价，其特点体现在：水生生态系统的生态状况与典型栖居物种的生存状况直接相关；栖息地模型能够考虑流量及结构特征改变的效应，在一定程度上能预测其影响；流量改变主要影响水深、流速和底质状况，这些都是决定栖息地完整性的主要因素，可以用数学模型直接评估（孙斌等，2017；杨涛等，2017）。表 1-4 为各尺度河流栖息地评价模型方法。

表 1-4 各尺度河流栖息地评价模型方法

空间尺度	方法	应用实例
流域	基于历史水文、地形数据及流域数字高程模型（DEM）图、流域地形图、流域植被类型图、流域土地利用类型图，识别河流水文、河流岸带土地利用、河道形态、河道坡度等地形地貌特征	Rosgen 栖息地分类方法、河流栖息地调查方法、栖息地制图法（Rosgen，1996）
水系	现场调查河段形态（宽度、深度、蜿蜒度、宽深比）、底质类型、大型水生生物，基于指标值进行统计分析的食物网模型	丹麦的 54 条中型河流栖息地评价中，用 AQUATOX 食物网模型评价 PBDEs 生态风险（Grechi et al.，2016）

空间尺度	方法	应用实例
河段	栖息地质量指数法	辽河流域河流栖息地质量指数 HQI（Binns et al.，2011）
	栖息地打分法	对美国佛罗里达州河流栖息地开展的调查评估（Barbour et al.，1999）
生境群落	基于专家判断和野外调查，以模糊聚类法、偏好函数构建生物栖息地适宜度模型	比利时 Zwalm 河生物栖境评价中的 PHABSIM 模型（Parasiewicz and Rogers et al.，2013）

宏观上，栖息地调查评分主观性较强，评分指标体系的选择对栖息地评价结果具有很大的影响，且无法深入分析栖息地完整性结构和功能的特征及其变化。微观上，水生生物个体和种群水平的实验室内毒性实验缺乏水生生态系统营养关系的定量化分析，尤其是在河流等流水系统中缺少对水动力条件的考虑（Parasiewicz et al.，2017；Grechi et al.，2016）。因此，栖息地模型需综合考虑生物物种组成、不同环境条件的变化和生态系统之间的相互作用，可以用于明确栖息地完整性保护目标，并为有效的风险管理决策提供科学依据。已有学者运用中尺度栖息地模型 MesoHABSIM 对意大利西北部山区河流不同河道形态适宜度进行研究，运用地理信息系统（GIS）和移动绘图技术，模拟流量时间序列（Vezza，Parasiewicz and Calles et al.，2014）。因此，河流栖息地的水文和生态响应关系是当前研究的热点和前沿问题。

1.3 河流栖息地完整性理论框架

（1）平原河流栖息地完整性评价方法

基于生态完整性理论，根据平原河流生态退化特征，识别平原河流栖息地完整性的构成要素和胁迫因子，并构建可定量表征其属性的评价方法和评价指标体系。

（2）平原河流环境流量计算模型

构建基于河道、湿地及河口三类子生态系统水力连通关系，以河流水力连通完整性为目标的环境流量计算模型，探寻丰水年、平水年、枯水年和汛期、非汛期的河流水文年际和年内变化特征，并构建基于河流水力连通完整性，以生态风险降低和水环境改善为目标的环境流量计算模型，为水资源高效利用和栖息地完整性恢复提供环境流量保障。

（3）平原河流栖息地完整性恢复——环境流量保障

分析平原河流生态功能与栖息地完整性的相互关系，揭示流域、水系和子生态系统3 个不同尺度下的生态风险分异，确定河流环境流量保障率与生态风险水平响应关系的阈值。在此基础上，基于不同来水情景，分析不同情景和不同尺度下的环境流量保障率，识别不同情景下流域的生态风险水平，计算平原河流栖息地完整性恢复环境流量，并根据现状水量计算平原河流栖息地完整性恢复需配置的环境流量（如图 1-5 所示）。

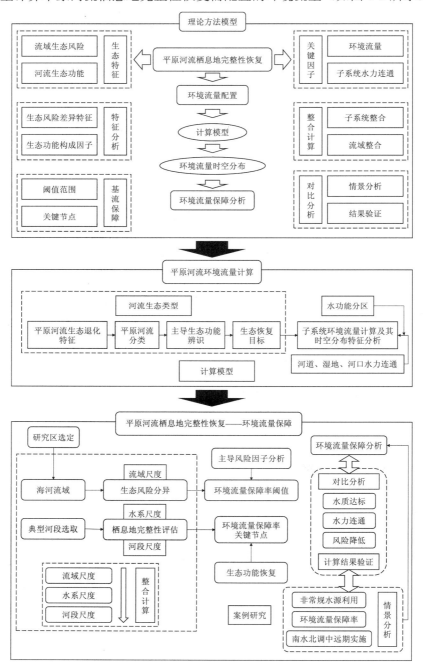

图 1-5 平原河流栖息地完整性恢复——环境流量保障框架

第 2 章　河流岸带湿地栖息地完整性评价方法

2.1　河流栖息地适宜度

河流栖息地适宜度（river habitat suitability）用来描述某河流环境要素对特定水生生物的适宜程度；通过栖息地适宜度分析，对物种生存、繁殖的生态因子进行综合影响评价（Yi et al.，2010；易雨君等，2013）。在栖息地适宜度研究中，环境要素一般包含水深、流速、基质等栖息地属性，主要研究反映栖境条件的底栖动物和鱼类等水生生物。鱼类和底栖动物是栖息地适宜度研究中常用的目标水生生物；对水动力条件较弱、人为干扰较强的流域而言，底栖动物相较于鱼类更适合作为目标水生生物，原因如下：①水利工程、河道衬砌、加固改造等人类活动导致鱼类数量急剧减少，同时人为放养、垂钓捕捞等对鱼类影响较大，对底栖动物影响相对较小；②底栖动物活动性较低，栖息环境相对固定，更能客观反映栖息地条件，且更适于长期生态监测；③底栖动物广泛分布，易于采集；④底栖动物除能反映水体环境条件状况，也能较好反映河道底部条件及沉积物营养状况等（赵茜等，2014；Jowett，2003）。本书中，栖息地适宜度指一定尺度范围内，河流栖息地水文形态和营养要素等物化属性对特定水生物种、群落或生态系统状态的适宜程度（如图 2-1 所示）。

河段上的中尺度栖息地是当前河流栖息地研究关注的重要尺度，也是栖息地适宜度研究的理想尺度，既能表征河段横断面上栖息地物化属性和水文形态综合特征，又能为子流域生态修复、环境流量计算等提供定量依据（Vezza，Parasiewicz and Calles，et al.，2014；Newson et al.，2000）。在 MesoHABSIM 方法中，中尺度栖息地是与物种及其生命阶段相关的特定区域，其水动力结构与提供生物庇护场所的物理属性一起为生物生存和繁殖创造有利条件（Parasiewicz et al.，2017）。本章中，中尺度栖息地适宜度指特定流域水系内，河段（河长为河宽 10 倍以上）河道内水文形态、营养要素等物化属性的年内季节性时空分布特征对目标水生物种的适宜程度，包含对群落结构及功能和生态系统状态的适宜程度（如图 2-2 所示）。

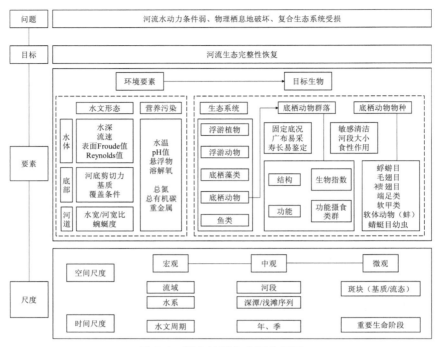

图 2-1　栖息地适宜度概念框图

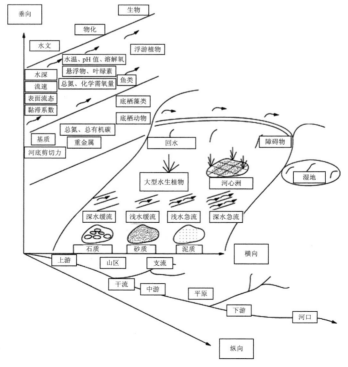

图 2-2　中尺度栖息地三维概化图

2.2 河流栖息地完整性评价指标体系

2.2.1 河流栖息地完整性评价标准的确定原则

基于生态系统结构与功能相互联系的原则，构建河段尺度下平原河流栖息地完整性评价标准。

（1）生态完整性和生态健康原则

由于受到强人为干扰，河流栖息地完整性无法恢复到原始状态，河流栖息地完整性评价及生态恢复须基于河流的生态现状、生物组分和非生物组分的构成特征以及河流生态系统的结构特征。生态系统结构和功能完整性（即生态完整性和生态健康原则）是河流栖息地完整性评价的重要原则。

（2）管理等级

本章中，平原河流栖息地完整性划分为 5 个等级，即非常好、好、稳定、临界状态和差。

（3）评价目标的完整性

河流栖息地完整性评价不仅可以综合识别栖息地优劣，还可以识别栖息地完整性的外部胁迫因子。

（4）时间尺度及空间尺度

河流是一类复杂的生态系统，其生态过程和结构在不同的时间尺度及空间尺度下是不同的。因此，构建平原河流栖息地完整性评价标准时须基于特定的时间尺度及空间尺度。

2.2.2 河流栖息地完整性评价标准的建立

评价标准的科学确定对客观确定评价结果非常重要。基于流域水资源开发利用特征、水文情势状况及平原河流生态现状，学者们构建了水文水资源评价标准（即年均流量偏差、环境流量保障率、生态需水保障率、地表水资源开发利用率、地下水资源开发利用率），以及水环境评价标准（即水功能区水质达标率）（龙笛等，2006；户作亮，2010；熊文等，2010；张晶等，2010a；张晶等，2010b）；构建了物理栖息地评价标准，即纵向连通性指数和河流水力几何形态指数（黎明，1997；Jowett，2003；Stewardson，2005；Turowski et al.，2008；Navratil et al.，2010；Kristensen et al.，2011）；构建了生物结构评价标准，即水生生物多样性指数和河流岸带植被覆盖率（Merritt and Scott et al.，2010）。河段尺度下平原河流栖息地完整性评价标准列于表 2-1。其中，环境流量保障率、河流水力几何形态指数、地表水资源开发利用率和地下水资源开发利用率的构建需特别说明。

表 2-1 河段尺度下平原河流栖息地完整性评价标准

指标	单位	非常好	好	稳定	临界状态	差
年均流量偏差（VAF）	%	−40～0	−60～−40	−80～−60	−90～−80	−100～−90
环境流量保障率（GEF）	%	≥40	30～40	20～30	10～20	≤10
生态需水保障率（GEWD）	%	≥80	60～80	40～60	30～40	≤30
地表水资源开发利用率（ESWR）	%	10～20	20～30	30～40	40～50	≥50
地下水资源开发利用率（EUWR）	%	30～40	40～50	50～60	60～70	≥70
水功能区水质达标率（AWR）	%	≥80	70～80	60～70	50～60	≤50
纵向连通性指数（LoC）	个/km	0～1	1～2	2～4	4～6	≥6
河流水力几何形态指数（RHGI）	量纲一	0.120～0.375	0.375～0.650	0.650～0.805	0.805～1.050	1.050～1.560
水生生物多样性指数（AOSD）	量纲一	≥3.5	2.5～3.5	1.5～2.5	1.0～1.5	0～1.0
河流岸带植被覆盖率（RVCI）	%	100	80～100	60～80	40～60	≤40

环境流量保障率：考虑到流域水资源现状，用优环境流量保障率（包括上限和下限）作为划分环境流量保障率的评价标准，以优环境流量比率、适宜环境流量比率和基本环境流量比率来确定环境流量保障率，进而确定评价标准中的"非常好""好"和"稳定"。

河流水力几何形态指数：根据平原河流的形态特征，河流上游、下游形态差异以及世界其他区域平原河流的水力几何形态指数，分别以欧洲莱茵河、美国中西部常流性河流、美国半干旱地区的季节性河流、美国怀特河和我国黄河下游辫状河段的河流水力几何形态指数确定平原河流水力几何形态指数标准的管理等级。

地表水资源开发利用率和地下水资源开发利用率：地表水资源开发利用率和地下水资源开发利用率在流域尺度下计算。

以河流栖息地完整性内涵为依据，构建平原河流栖息地完整性概念模型（如图 2-3 所示）。基于该概念模型构建平原河流栖息地完整性评价指标体系，综合表征河流水文水资源、水环境、物理栖息地和生物结构状况，评价平原河流栖息地完整性。这 10 项指标为年均流量偏差（VAF）、环境流量保障率（GEF）、生态需水保障率（GEWD）、地表水资源开发利用率（ESWR）、地下水资源开发利用率（EUWR）、水功能区水质达标率（AWR）、纵向连通性指数（LoC）、河流水力几何形态指数（RHGI）、水生生物多样性指数（AOSD）以及河流岸带植被覆盖率（RVCI）。其中，年均流量偏差、环境流量保障率、生态需水保障率、地表水资源开发利用率、地下水资源开发利用率综合表征河流水文水资源特征；水功能区水质达标率表征河流水环境质量的优劣；纵向连通性指数表征河流在纵向上受闸坝控制的程度；河流水力几何形态指数表征河道的水文形态特征；纵向连通性指数和河流水力几何形态指数共同表征河流的物理栖息地状况；水生生物多样性指数和河流岸带植被覆盖率表征河流的生物结构状况。

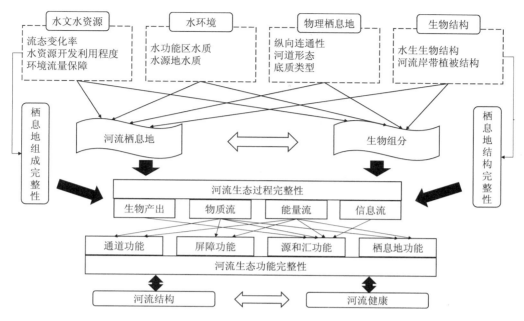

图 2-3　平原河流栖息地完整性概念模型

指标体系界定如下。

（1）年均流量偏差

$$VAF = \frac{Q_p - Q_a}{Q_a} \times 100\%$$
（2-1）

式中：Q_p —— 现状水文年（2000—2010 年）多年平均径流量，m^3/s；

Q_a —— 历史水文年（20 世纪 60 年代）多年平均径流量，m^3/s。

Q_p 及 Q_a 根据控制水文站长系列水文数据计算。

（2）环境流量保障率

$$GEF = \frac{Q_d}{Q_e} \times 100\%$$
（2-2）

式中：Q_d —— 1956—2010 年枯水期平均水量，亿 m^3/a；

Q_e —— 河流环境流量，亿 m^3/a（户作亮，2010）。

（3）生态需水保障率

$$GEWD = \frac{Q_n}{Q_c} \times 100\%$$
（2-3）

式中：Q_n —— 1956—2010 年控制水文站年平均径流量，亿 m^3/a；

Q_c —— 水文站控制流域内生态需水量，亿 m^3/a。

（4）地表水资源开发利用率

$$ESWR = \frac{W_e}{W_t} \times 100\%$$ （2-4）

式中：W_e—— 流域年均地表水开发利用量，亿 m^3/a；

W_t—— 流域多年平均地表水资源量，亿 m^3/a。

（5）地下水资源开发利用率

$$EUWR = \frac{W_a}{W_g} \times 100\%$$ （2-5）

式中：W_a—— 地下水年均开发利用量，亿 m^3/a；

W_g—— 地下水资源年均储量，亿 m^3/a。

（6）水功能区水质达标率

$$AWR = \frac{L_a}{L} \times 100\%$$ （2-6）

式中：L_a—— 水功能区水质达标河段长度，km；

L—— 河段总长度，km。

（7）纵向连通性指数

$$LoC = \lambda$$ （2-7）

式中：λ—— 多个 100 km 长河段上闸坝个数的平均值，个/km。

（8）河流水力几何形态指数

$$RHGI = \frac{b}{f}$$ （2-8）

式中：b—— 河流断面平均宽度指数；

f—— 河流断面平均深度指数。

河流水力几何形态关系式为幂函数关系式，通常与河流断面在某一特定流量下的水面宽、水深、平均流速有关。河流水力几何形态指数中的河流断面平均宽度指数（b）和河流断面平均深度指数（f）以 SPSS 统计软件的曲线估计功能确定。

（9）水生生物多样性指数

水生生物多样性指数以浮游动物香农-维纳指数计算。

$$AOSD = H' = -\sum P_i \ln P_i$$ （2-9）

式中：P_i—— i 物种个数占采集到的物种总个数的比例。

（10）河流岸带植被覆盖率

$$RVCI = \frac{S_v}{S_{vr}} \times 100\% \qquad (2\text{-}10)$$

式中：S_v —— 河流岸带 100 m² 范围内植被覆盖面积，m²；

S_{vr} —— 100 m²。

评价指标体系由 3 层构成，第 1 层为指标层，由 10 项评价指标构成；第 2 层为要素层，由 4 项决定平原河流栖息地完整性的要素构成；第 3 层为功能层，由 4 项栖息地完整性功能要素构成。

2.3　河流栖息地完整性评价方法

2.3.1　河流栖息地模型的应用

栖息地模型是研究河流生态功能的有力工具，能够对指示物种的栖息地状况进行定性和定量的评价。栖息地模型能够考虑流量及结构特征改变的效应，在一定程度上能预测其影响；流量改变主要影响水深、流速和底质状况，这些都是决定栖息地适宜度的主要因素（蒋红霞等，2012）。与其他方法相比，栖息地模拟法考虑生物本身对物理生境的要求，需要建立物种-生境评价指标（易雨君等，2013）。代表方法包括 IFIM 法（Instream Flow Incremental Methodology）、CASiMiR 等，其中 IFIM 法下的 PHABSIM 模型方法应用更加广泛。这些模型方法均由水文形态模型、生物模型和栖息地模型三部分组成。水文形态模型描述与目标物种相关的物理属性的空间格局，生物模型描述栖息地内目标水生生物群落组成结构，栖息地模型定量化计算与流量相关的可用栖息地面积。

中尺度栖息地模型方法在河段尺度上对水文形态单元的栖息地进行模拟，既能整体反映河段水文生态关系，又能对流域河流管理和生态修复提供科学参考。常用的中尺度栖息地模型方法有快速栖息地测绘、中尺度定量化方法、MesoHABSIM、MesoCASiMiR 和挪威中尺度栖息地定量化方法等（Parasiewicz et al.，2012）。MesoHABSIM 与 PHABSIM 的流量分析模块相近，与 PHABSIM 相比，其能较快收集较长河段的覆盖数据（Parasiewicz et al.，2012）。MesoCASiMiR 是在 CASiMiR 模型基础上研发的。针对底栖动物的模型有 CASiMiR-benthos 模型，但因其测定 FST-hemisphere 参数时需要运用特定装置，所以测定数据与其他方法得到的栖息地适宜度可比性不足。因此，MesoHABSIM 方法更适合大型底栖动物中尺度栖息地适宜度研究，常用的 MesoCASiMiR 和 MesoHABSIM 模型方法的比较如表 2-2 所示。

表 2-2　MesoCASiMiR 和 MesoHABSIM 模型发展和比较实例

模型方法	模型要素					模型发展案例		
	主要水文参数	模型原理	开发者	开发时间	现存不足	创新成果	研究区	目标物种
MesoCASiMiR	FST-hemisphere（针对底栖动物）、水深、流速、基质粒径、根植性、覆盖类型、水池类型、遮蔽程度、水表面高程数据	偏好函数/模糊规则	斯图加特水利工程研究所	20世纪90年代	FST-hemisphere 需用特定工具测定，可比性不足，模糊规则则主观性高	在环境要素中考虑溶解氧等水质条件（Mouton et al., 2009）	比利时 Zwalm 河	四节蜉属
						引入"一般鱼"（generic fish）概念，表征相同栖息地特征的多物种（Parasiewicz, 2007）	模型方法	"一般鱼"
MesoHABSIM	水文形态单元、覆盖源、基质粒径类型、水深、流速（各单元7个位置随机测定）、Froude 值	逻辑回归	马萨诸塞大学	2000年（2007年修正）	需补充针对底栖动物的河流态参数；水文形态单元不限于单一物种，强化群落结构与功能分析	用 CART、River2D、MesoHABSIM 多模型计算濒危蚌类栖息地适宜度（Parasiewicz et al., 2012）	美国 UpperDelaware 河	蚌类
						确定河流恢复工程的栖息地标准可视化恢复情景（Parasiewicz and Ryan et al., 2013）	美国马萨诸塞州 Wekepeke 河	5 种目标鱼类物种
						应用于高坡度山区河流，补充 BOD、水温、浊度等水质参数（Vezza, Parasiewicz and Spairani et al., 2014）	意大利西北部	稀有鲑鱼

2.3.2 大型底栖动物栖息地模型的构建

大型底栖动物中尺度栖息地适宜度模型是在 MesoHABSIM 模型基础上构建的，包含水文形态模型、生物模型、栖息地模型三部分。水文形态模型对一定流量下河流栖息地水文形态和物化属性进行空间表征，得到水深、流速的空间分布，并针对底栖动物考虑河道底部剪切力和沉积物物化营养要素；生物模型定量化表征目标物种的存在及丰度，在选定目标底栖物种基础上，进一步研究底栖动物群落结构与功能特征；栖息地模型对不同流量下的生物适宜度进行时空分析，可得到各流量下的适宜栖息地面积及分布。

2.3.2.1 水文形态模型

水文形态模型在栖息地物理条件调查基础上，确定栖息地单元空间分布与变化，以便描绘栖息地条件一致的河段。重点在于描绘各河段栖息地单元的总体分布，估计水文形态单元比例，中尺度栖息地特征、覆盖条件（木质残体、浅水边缘、树冠覆盖阴影、沉水植物等），浅水（≤30 cm）、深水（≥1.5 m）及深度适中区域和慢流（≤20 cm/s）、快流（≥80 cm/s）及流速适中区域，同时测定记录水宽（水流宽度）和河宽（满水宽度）及其他河道和河岸特征。聚类分析监测横断面，组合成河段，在各河段选出 1 个或多个代表性点位以进行进一步分析。用三类别指标（无、存在、大量）估计各水文形态单元的物理属性，同时三类别指标也是单元大小的函数。对各水文形态单元随机 7 个位置的平均流速和底部流速、水深、基质进行测定。测定位置数量为 7 个的依据是统计上最小相关质量的经验值。测定水深和平均流速时，在浅于 1 m 区域用流速仪，在较深区域用声学多普勒流速剖面仪（acoustic Doppler current profiler，ADCP）。数据输入地理信息系统表格，与对应多边形相关联。

（1）水文形态单元

水文形态单元类型的划分是中尺度栖息地水文形态模型的基础。相近概念还包括"群落生境"（biotope）、"功能性栖息地"等，主要根据河流流态（水深、流速）、基质、覆盖条件等对河流栖息地进行分类，得到水文形态单元类型，对各单元环境要素进行定量化空间表征，为生物适宜度计算提供基础。

已有研究对河流类型、栖息地类型等的划分主要依据以下 4 个方面：一是河流流态。Newson 等（2000）分析了 30 余篇文献中的物理栖息地类型，底栖生物采样中常用的物理栖息地单元有浅滩急流、深水缓流、深水急流、河道间隙、死水、大型水生植物等。二是流态-基质类型。MesoHABSIM 模型应用时常用到该分类方法，主要依据水深、流速、河床形状、基质等进行划分，常分为 12 种水文形态单元类型，即浅滩急流、快流、喷流、滑流、过渡流、深水急流、急流、深水缓流、跌水深潭、回水、侧流、浅水缓流等。三是覆盖条件。覆盖条件主要是功能性栖息地的分类方法，如英国低地河流的主要功能性栖息地包含暴露的岩石巨砾、圆石卵石、沙砾、砂、淤泥、岸际植物、挺水植物、浮叶、沉水阔叶植物、沉水细叶植物、苔藓、丝状藻类、落叶层、木质残体、树根等（Newson et al.，2000）。四是土地利用、人为活动干扰，主要针对平原河流特别是受人为干扰较强的城市段河流。Davenport 等（2004）研究英国城市河流栖息地时，按基质、物理栖息地特征、植被特征，将河段分为近自然（semi-natural，SN）、轻度改变（lightly modified，LM）、改变（modified，M）、中度改变（moderately modified，MM）、重度改变（heavily modified，HM）等类型。

根据当前河流普遍存在的水动力条件弱、人为干扰强烈等特点，考虑以基质作为第一分类级别、流态作为第二分类级别、覆盖条件作为第三分类级别，对生态条件较好的近自然河流，将大型水生植物作为分类依据，对城市河段等则将岸带树木数量和复杂性作为主要覆盖条件分类依据。①基质：以基质作为河流栖息地一级分类依据，主要分为石质（>2 mm）、砂质（63 μm～2 mm）、泥质（<63 μm）三大类，该粒径分类是以沉积物粒径 6 类分类标准为基础进行整合的（Wentworth，1922）。②流态：水动力条件较弱，流态类型相对较少，在主要水文形态单元中选取典型的浅水缓流、浅水急流、深水缓流、深水急流等 4 个类型。其中，浅水缓流水深（d）<0.3 m、流速（v）<0.2 m/s，浅水急流 d<0.3 m、v>0.2 m/s，深水缓流 d>0.3 m、v<0.2 m/s，深水急流 d>0.3 m、v>0.2 m/s（Parasiewicz et al.，2013）。③覆盖条件：分为植生、非植生，并考虑河心洲的存在（如图 2-4 所示）。

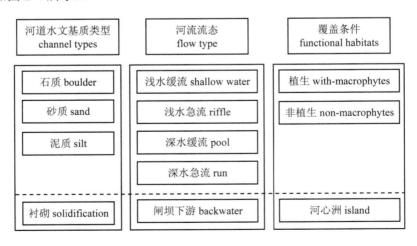

图 2-4 栖息地类型三级分类（水文形态单元类型）

（2）水文形态参数

为建立物理栖息地属性与生物群落存在及丰度的逻辑回归关系，应考虑对目标生物影响较大的物理栖息地属性。MesoHABSIM 模型常应用于鱼类栖息地研究，水文形态模型参数中常用到水深、流速、基质粒径、覆盖条件等，近期研究也开始考虑水质环境等条件（Vezza，Parasiewicz and Spairani et al.，2014）。研究底栖动物栖息地属性时，除考虑以上栖息地物理属性外，还应考虑河道底部条件和影响底栖生物的营养条件等。在鱼类 MesoHABSIM 模型应用中，对水深、流速综合指标 Froude 值进行分析。Froude 值是能较好表征水体表面扰动的指标，研究已表明其与物种和水文形态单元分布具有较强相关性。针对河流底栖生物，在水文形态参数中增加反映河道底部条件的指标，包含 Reynolds 值、河底剪切力（bottom shear stress）等。本节在 MesoHABSIM 修正模型水文形态参数基础上，选取栖息地基本属性参数（如表 2-3 所示）。

表 2-3　栖息地水文形态参数和基本属性参数

参数类别	参数名称	描述	等级	备注
水文形态参数	水文形态单元	是/否	5	深潭、浅滩急流、快流、浅水缓流、侧流
	水文形态单元纵向连通性	是/否	1	描述中尺度栖息地纵向连通性的二元属性
	覆盖条件	是/否	6	卵石、木冠遮蔽、木质残体、沉水植物、浅水边缘
	基质	随机测定比例	12	石质、木质、泥质、植物残体、动物残体
	水深	随机测定比例	9	以 15 cm 为增量分类（0～120 cm 范围及以上）
	流速	随机测定比例	9	以 15 cm/s 为增量分类（0～120 cm/s 范围及以上）
	弗劳德数（Fr）	$Fr = U(gd)^{-0.5}$	1	水文形态单元内均值
	流速标准偏差	cm/s	1	水文形态单元内标准偏差
	河底剪切力	$\tau = \left(\dfrac{v}{5.75 \cdot \lg\left(\dfrac{12 \cdot d}{2 \cdot d_{65}}\right)} \right)^2$	1	水文形态单元内均值
	雷诺数（Re）	$Re = \dfrac{v \cdot \rho \cdot d}{\mu}$	1	水文形态单元内均值
	水宽或河宽	平均水宽或平均河宽	1	水文形态单元内均值

参数类别	参数名称	描述	等级	备注
水文形态参数	水文形态多样性指数（D）	$D = \left(1 + \dfrac{\delta_v}{\mu_v}\right)^2 \cdot \left(1 + \dfrac{\delta_d}{\mu_d}\right)^2$	1	水文形态单元内均值
基本理化参数和营养参数	水温	℃	1	点位测定值
	水体 pH 值	量纲一	1	点位测定值
	溶解氧	%	1	点位测定值
	浊度	NTU	1	点位测定值
	电导率	μS/cm	1	点位测定值
	氧化还原电位	mV	1	点位测定值
	叶绿素	g/L	1	点位测定值
	总溶解性固体	g/L	1	点位测定值
	盐度	%	1	点位测定值
	总氮	mg/L	1	点位测定值
	总有机碳	mg/L	1	点位测定值

2.3.2.2 生物模型

生物模型建立栖息地环境物化属性与生物存在及丰度的逻辑回归模型，物化属性作为自变量，生物数据作为因变量。在计算响应函数之前，通常进行交互相关分析以排除多余参数。运用逐步逻辑回归模型确定目标物种的栖息地特征。为每个目标物种区分不适宜栖息地、适宜栖息地或最适栖息地。模型用概率比来确定回归公式中应考虑哪个系数：

$$R = e^{-z} \tag{2-11}$$

式中：e —— 自然对数的底；

$z = b_1 x_1 + b_2 x_2 + \cdots + b_n x_n + a$；

$x_1, \cdots, x_n$ —— 重要物化参数；

$b_1, \cdots, b_n$ —— 回归系数；

a —— 常数。

（1）目标物种

栖息地适宜度主要表征环境条件对目标物种的适宜程度，因此目标物种的确定是栖息地适宜度研究的重要基础。总结已有研究，可看出目标物种的确定应满足以下几方面原则：①对环境条件相对敏感，适应较清洁水生环境；②与物种种类或特定生命阶段相关；③根据河段环境条件，考虑物种个体大小和移动性；④考虑生物食性和在生态系统中的作用。

已有研究对 EPT 昆虫[①]、蜻蜓目（Odonata）、蚌类、蜉蝣目（Ephemeroptera）四节蜉

———————

① EPT 昆虫是蜉蝣、石蝇和石蛾三类水生昆虫的统称。其中，E 指蜉蝣目（Ephemeroptera），P 指石蝇所属的襀翅目（Plecoptera），T 指石蛾所属的毛翅目（Trichoptera）。

属等底栖动物的生物适宜度进行分析。Jowett（2003）研究沙砾基质河流底栖动物栖息地适宜度的水动力条件制约时，对常见的毛翅蝇、游动性蜉蝣目、滤食性蜉蝣目等进行研究。Mouton 等（2006）运用 CASiMiR 模型，选取优势种蜉蝣目四节蜉属作为指示生物，研究城市河流栖息地适宜度。Parasiewicz 等（2012）选取蚌类进行研究，因其属于滤食动物，对水体污染较敏感，尤其是在幼体时期，且其繁殖周期内需要与特定鱼类物种相互作用。Cabaltica 等（2013）用 CASiMiR 栖息地模型方法研究水文脉冲对大型底栖动物的影响，选取四节蜉属、溪颏蜉属、纹石蛾等作为目标物种，因其具有不同的流量承受力，可能在较大程度上承受水力干扰，同时还是研究河段内流动水体鱼类的重要食物来源。中国已有的大型底栖动物栖息地适宜度研究主要以流域优势种蜉蝣目四节蜉属为目标物种。李凤清等（2008）以香溪河（在长江中游）为例，选择该流域河流大型底栖动物优势类群四节蜉为指示生物。郑文浩等（2011）研究太子河流域大型底栖动物栖境适宜性时，对该流域主要优势种热水四节蜉（*Baetis thermicus*）进行研究。

针对当前河流普遍存在的水动力条件弱、人为干扰较强等特点，选取目标底栖动物时应满足以下筛选原则：①水动力条件较弱时，选取适应中等流速水体的大型底栖动物；②水体污染较重时，选取适应中等清洁水体或偏清洁水体的底栖动物；③缺少洄游性鱼类或珍稀鱼类时，选取调查河段鱼类的普食性底栖动物；④选取研究区域的优势种群作为目标物种；⑤已有目标物种栖息地适宜度曲线时，可在比较分析基础上缩小特定种群的适宜度范围，或对其他环境要素条件进行补充。结合已有生物调查数据，选择蜉蝣目、甲壳纲、蚌类等已有适宜度曲线的物种作为目标物种。

此外，研究认为，借鉴"一般鱼"概念，引入假设性概念——"一般底栖动物"，将相同栖息地的多物种作为研究对象，相对于将栖息地分配给某一特定物种，其结果更符合实际情况。

（2）群落结构和功能特征

在考虑目标物种基础上，大型底栖动物群落结构和功能特征的适宜度也具有重要意义。其中，摄食方式是反映物种对环境条件适宜与否的典型特征。利用物种的摄食等功能特性，人们可以充分了解控制底栖动物分布的机理。

根据动物的摄食对象和摄食方法的差异，底栖动物主要可分为撕食者（shredder）、集食者（collector）[牧食收集者（collector-gatherer）和滤食收集者（collector-filterer）]、刮食者（scraper）、捕食者（predator）、寄生者（parasite）、杂食者（omnivore）等 6 类或 7 类不同的功能摄食类群（functional feeding group，FFG）（段学花等，2010；赵茜等，2014）。

流速、基质等环境因素影响底栖动物摄食方式，决定了底栖动物功能摄食类群组成。一般而言，平原河流（特别是城市河段）基质以淤泥为主，有机营养物质较多，可为收集者和滤食者提供丰富的食物来源。山区河流很多以卵石基质为主，表面着生的底栖藻类能够满足刮食者的摄食需求。此外，卵石能够支持以刮食者为食的更高营养级物种的生存繁殖，形成复杂的食物链，进而提高大型底栖动物群落结构的多样性（王强等，2011）。大型底栖动物主要功能摄食类群如图 2-5 所示。

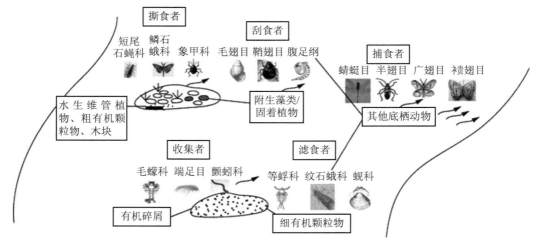

图 2-5　大型底栖动物主要功能摄食类群示意

2.3.2.3　栖息地模型

对调查代表性点位描绘的每个中尺度栖息地，确定其为不适宜栖息地、适宜栖息地或最适栖息地。用逻辑回归方法对实测数据进行分析，各类别是目标物种存在及丰度高的可能性的函数。目标物种存在可能性由以下公式确定：

$$p = \frac{1}{1 + e^{-z}} \tag{2-12}$$

式中：p——存在及丰度高的可能性；

$z = b_1 x_1 + b_2 x_2 + \cdots + b_n x_n + a$；

$x_1, \cdots, x_n$——重要物化参数；

$b_1, \cdots, b_n$——回归系数；

a——常数。

通过预测存在及丰度高的可能性的相对操作特性曲线来对适宜度进行分类。分散节点概率（P_t）用于存在及丰度模型。存在可能性高于 P_t 的栖息地为适宜栖息地。具有高于选定 P_t 且丰度较高的适宜栖息地视为最适栖息地。运用这些原则，在栖息地地图上可显示测定流量条件下的高适宜度栖息地区域。总结河道各点位在特定流量下具有特定物种、特定生命阶段的适宜栖息地或最适栖息地比例，获得两流量特性曲线，分别为适宜栖息地和最适栖息地。将最适栖息地权重设为 0.75，适宜栖息地权重设为 0.25，从而将两栖息地聚合为有效栖息地。此处权重因子的设定是为确保河流中最适栖息地的高贡献率。用插值方法来计算常出现的流量下的栖息地数值。用适当的线性曲线函数在不同流量下插值栖息地数值，用于构建目标物种及其特定生命阶段的流量-栖息地特性曲线。用这些结果分析河段内各物种适宜度。

第 3 章　滦河岸带湿地生物分布格局

3.1　研究区概况及生态分区

3.1.1　滦河水系概况

　　滦河是海河流域水文生态条件相对较好的自然河流，滦河水系位于华北平原东北部，地理坐标为 115°34′E—119°50′E、39°02′N—42°43′N（Shi et al.，2017）。滦河水系发源于河北丰宁满族自治县西北的巴彦图古尔山麓，源流称闪电河，流入内蒙古吐力根河后称大滦河，又折回河北至郭家屯附近与小滦河汇合后称滦河，经承德到潘家口水库穿长城入冀东平原，至乐亭县入渤海，在水资源三级区划中属于海河流域的一部分（王刚等，2011；吴佳宁等，2014）。滦河全长 888 km，滦河流域自西北至东南长 435 km，平均宽度为 103 km，面积为 4.47 万 km^2（如图 3-1 所示）。

　　滦河自坝上高原发源，汇集燕山、七老图山众多水流，水量丰沛，多年平均年径流量为 47.9 亿 m^3。表 3-1 表明了其河流水系特征。滦河水系呈羽状，两岸支流比较发达。沿途汇入的支流很多，其中集水面积大于 1 000 km^2 的支流由上至下有小滦河、兴洲河、伊逊河、伊玛图河、武烈河、老牛河、柳河、瀑河、撒河、青龙河。滦河干流以东有洋河、石河，这些河大都发源于山区，流经浅山丘陵之间，平原区很窄，源短流急，具有山溪性河道的特征。滦河干流以西有陡河、沙河、小青河等，这些河大都发源于丘陵区，流经平原的距离相对较长；由于这个区域平原相对较陡，这些小河具有山溪性河流向平原河流过渡的特点。滦河下游干流两侧有若干条单独入海河流，这些河流被称为冀东沿海诸河。

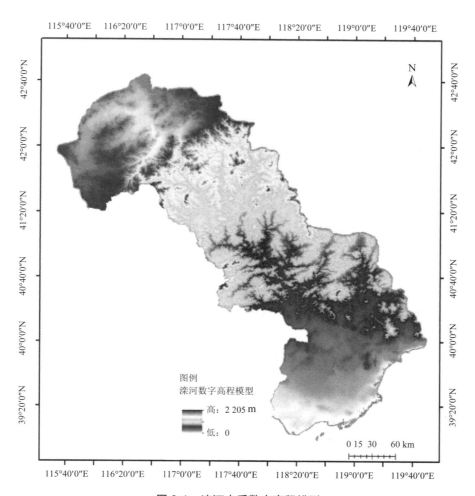

图 3-1　滦河水系数字高程模型

表 3-1　滦河水系三期统计

河流等级	20 世纪 60 年代		20 世纪 80 年代		2000 年	
	河流数	河流长度/km	河流数	河流长度/km	河流数	河流长度/km
2	21	1 584.38	23	1 570.14	27	1 653.58
3	157	3 801.60	100	2 978.89	98	3 044.91
4	325	4 195.63	266	3 465.95	199	3 075.63
5	247	2 248.38	229	1 980.64	136	1 276.91
6	90	628.27	80	577.22	28	203.52
7	6	43.06	5	32.31	4	31.46
合计	846	12 501.32	703	10 605.15	492	9 286.01

滦河流域地势由西北向东南倾斜，地形差异较大（如图 3-1 所示）。流域上游为坝上高原区，属于内蒙古高原中部的边缘，区内海拔为 1 300～1 800 m，地势呈波状起伏，岗梁、滩地相间分布，多风蚀洼地，具有典型的高原地貌特征。流域中游为冀北、燕山山地丘陵区，海拔为 300～1 000 m，沟壑纵横，河谷深切，间有黄土丘陵或小盆地。山体主要由花岗石、片麻石、砾岩组成，风化严重，易遭剥蚀，坡脚与河谷多为坡积、洪积松散物。流域下游为燕山山前平原和滦河三角洲平原，坡降为 1/1 000～1/300。在各种地貌中，山地、丘陵、盆地的面积约占流域总面积的 70%，高原面积约占 16%，平原面积约占 12%，另外还广泛分布有河谷、滩地、阶地和台地等地貌单元（王刚等，2011）。

滦河流域闸坝林立，强烈干扰自然水文情势，对上下游水生态环境造成影响（刘静玲等，2016）。滦河干流修建有潘家口水库、大黑汀水库两座串联大型水利工程，总库容达 34.03 亿 m^3，潘家口水库控制流域面积为 33 700 km^2，大黑汀水库是引滦入唐工程、引滦入津工程的渠首。另外，一级支流伊逊河及青龙河上分别修建有庙宫水库、桃林口水库两个大型水库。潘家口水库至罗家屯间河道弯曲，河床一般由砂卵石组成，坡度约为 2‰；罗家屯至滦河河曲度较小，砂质河床，坡度约为 1‰；滦县以下河流进入平原，细砂河床，坡度为 0.25‰。滦河下游冀东平原上有若干条单独入海河流，干流东侧较大河流有洋河、石河，滦河西侧有陡河、沙河、沂河、小青河，平原区有陡河水库、洋河水库两大水库（刘静玲等，2017）。

小滦河为滦河上游主要支流，发源于塞罕坝老岭西麓，河长为 133 km，流域面积为 2 050 km^2。小滦河上源名撅尾巴河，从老岭西麓自东向西流，谷宽 200～400 m，至二间房分成多股水流，至大脑袋山合成一流，河谷展宽，两岸谷坡平缓，河宽 3 m，水深约 0.3 m，砂质河床，南流约 3 km 折向西，与东来的双岔子河汇合后始称小滦河。小滦河向西南流，过御道口牧场后河谷展宽，汇入红泉河、如意河，在御道口以北纳双子河、卧牛磐河后流出坝上高原、进入山区，两岸地势高耸，谷宽 300～500 m，河宽约 10 m，水深 0.5 m，至下洼子向东南流，谷宽一般 300 m，河宽约 15 m，水深 0.7～1.0 m。在三道营以下流向西南又折向东南，于隆化县郭家屯汇入滦河。

伊逊河发源于河北省围场满族蒙古族自治县哈里哈老岭山麓，河长 203 km，流域面积为 6 750 km^2，伊逊河上源为翠花宫沟，向南流，先后自右岸纳小支流及大翠花宫沟，河谷宽 200～400 m，向东南流 4.7 km 纳三通窝沟，经小南沟东纳母子沟后，始称伊逊河。伊逊河向东南流，先后由前莫里莫沟、大扣花营沟、五道川、甘沟等注入，至头号纳大唤起河，在小锥子山折向东南，纳直字河，至围场满族蒙古族自治县南左纳湖泗汰沟，右纳吉布汰沟，流至小簸箕掌纳银镇河，南行流入庙宫水库，出库后南流至罗鼓营南左纳榆树林沟，右汇通事营河，向南流经大阴峡谷后折向东南，进入隆化盆地。在闹海附近，伊逊河最大支流伊玛图河自西北注入，河流量大增，超梁沟以下河谷变窄，流向受地质构造影响，迂回多变；至杨树沟门以下，河谷展宽，有岔流，至河台子村以南河谷狭窄；流至四泉庄河，河谷渐展，水较深，流较急，西南流至滦河镇汇入滦河。

　　瀑河发源于兴隆县章帽子山东八品沟，自西向东流，经石庙子、半壁山、兰旗营至老龙井关穿过长城进入唐山市境内，在瀑河桥以下流入大黑汀水库，全长 89 km。流域面积为 1 160 km²，河谷平均宽 50 m，卵石河床，栗树湾至瀑河桥一带河道多弯道。瀑河是滦河的主要支流之一，由于瀑河流域处于燕山迎风区的暴雨中心，因而水资源比较丰富，洪峰模数亦大于该区其他流域，多年平均年径流量为 3.5 亿 m³。据洪水调查资料统计，蓝旗营水文站实测最大洪峰流量为 2 180 m³/s，其中以 1894 年的 6 590 m³/s 为最大调查洪峰流量。

　　青龙河位于滦河流域的东南侧，河长 246 km，流域面积为 6 340 km²，是滦河第二大支流，而水量之丰冠于其他支流。该河源有两处：南源在河北省平泉市古山子乡，北源在辽宁省台头山镇五道梁子，两源向南流，于辽宁省凌源市三十家子汇合后，流经承德市平泉、宽城满族自治县至秦皇岛市青龙满族自治县、卢龙县，于唐山市滦县石梯子汇入滦河。青龙河流域属东亚季风型气候区，冬季寒冷干燥，夏季炎热多雨。青龙河为滦河流域的主要暴雨区，暴雨中心多出现在青龙县城、七道河、土门子、双山子、龙王庙一带。流域径流主要靠降雨补给，年平均降雨量为 701 mm，坝址以上多年平均天然径流量为 9.6 亿 m³，占滦河流域总径流量的 20.7%。青龙河支流众多，其中大于 100 km 的支流有 6 条，这些河流属山溪性河流，雨季河水暴涨暴落，水量较大。青龙河河床由砂卵石组成，中游段河床宽 50～70 m，下游段河床宽 400～1 000 m。自 1929 年以来，桃林口水文站洪峰流量超过 6 000 m³/s 的洪水发生过 5 次。

　　随着经济社会的快速发展，滦河水资源得到迅速开发利用，滦河的用水量剧增。此外，滦河是工业城市天津市和唐山市的主要水源地。滦河流域年平均径流总量为 47.9 亿 m³，相当于海河流域年径流量的 1/5。1979 年，在滦河干流修建了潘家口水库、大黑汀水库两个大型水库，在其下游建有引滦入津工程、引滦入唐工程，在青龙河上修建了桃林口水库。在中小水年，大部分水沙已不经原滦河干流下游入海，致使潘家口水库和大黑汀水库以下的河流水文情势和漫滩生态系统发生了很大变化。流域地理跨度大，影响流域系统演变发展的众多重要因素在流域上下游之间的差异显著。不同的环境条件塑造不同的漫滩植被生态系统，也影响和塑造着河流系统及流域生态系统。潘家口水库、大黑汀水库作为滦河流域骨干控制性工程建成使用后，通过汛期拦蓄洪水，大大减轻了洪水对滦河下游的威胁。截止到 2003 年年底，引滦工程已累计完成供水 287 亿 m³，其中向天津市供水 115 亿 m³，向唐山市及滦河下游农业供水 172 亿 m³。但工程在产生巨大经济效益的同时，也带来了一些负面影响。滦河周边的主要土地利用类型为放牧用地、城市用地、郊区用地，漫滩区受人为干扰严重。特别是近年来，由于滦河流域持续干旱，潘家口水库、大黑汀水库蓄水量严重不足，给滦河下游的生态环境造成一定的影响。

3.1.2 水文特征

依据历史水文资料，滦河流域的多年平均降水量为 549 mm，多年平均年径流量为 47.9 亿 m³，多年平均地表水资源量为 39.5 亿 m³，多年平均地下水资源量为 19.4 亿 m³，多年平均水资源总量为 43.7 亿 m³。按 2007 年人口计算，滦河流域人均水资源占有量为 855 m³，相当于全国平均水平的 39.8%；亩均水资源占有量为 662 m³，相当于全国平均水平的 42.5%。滦河流域水资源缺乏严重。滦河流域人均水资源量低于国际公认标准（人均 1 000 m³），滦河流域属于重度缺水地区。滦河流域自 1999 年以来的降水量明显减少，1999—2007 年流域平均降水量为 441.7 mm，比 1956—2007 年平均降水量减少了 14.9%，地表水资源量减少了 58.3%，这使得流域的水资源短缺危机进一步加剧，主要表现为农牧业的干旱缺水，而生活用水量及工业用水量的增加又挤占了生态用水的空间；与此同时，入海水量大幅减少，进一步造成下游与河口的生态系统恶化（田建平等，2011）。

从降水特征来看，流域平均年降水量为 549 mm，年际变化大、差异悬殊。最丰年降水量是最枯年降水量的 1.7～3.5 倍。降水量的季节分配极不均匀，年内各月差异明显，夏季降水量集中，降水量在 200～560 mm，占全年降水量的 67%～76%。又以 7 月和 8 月最为集中，这两个月的降水量可占全年降水量的 50%～65%（李建柱等，2009）。滦河径流主要来自降水，由于降水集中，径流量年内变化很大。汛期（7 月、8 月）来水量较多，占全年总量的一半以上；枯季（1 月、2 月）来水最少，两月水量之和不足全年的 1/10。洪水多由暴雨形成，极少发生雪融洪水。地理分布是东南多、西北少，暴雨的发生时间为 4—10 月，特大暴雨集中于 7—8 月。根据水文统计资料，其最大洪峰流量一般在 7 月下旬，部分位于 8 月上旬。滦河流域的暴雨期瞬时雨强大，而滦河流域 60% 为山地，坡降大，雨水汇流快，单次洪水发生时间为 3～6 天（李建柱，2005）。

3.1.3 闸坝特征

滦河流域闸坝林立，强烈干扰了自然水文情势，对上下游水生态环境造成了一定的影响。滦河流域大型水库有潘家口水库、大黑汀水库、桃林口水库、庙宫水库。其中，潘家口水库为滦河流域干流最大的水库，其干流的上游水文站主要有三道河子水文站、乌龙矶水文站等；潘家口水库下游干流的水文站为滦县水文站。由于在地理位置上，潘家口水库、大黑汀水库毗邻，且具有相似的生态服务功能，因此研究中一般将二者作为一个整体。长期水文资料和文献的整理研究表明，潘家口水库、大黑汀水库于 1980 年建库蓄水，潘家口站 1930—1979 年年平均径流量为 18.42 亿 m^3，最大为 71.37 亿 m^3（1959 年），最小为 9.64 亿 m^3（1972 年）；1980—1998 年年平均径流量为 18.04 亿 m^3，最大为 28.58 亿 m^3（1996 年），最小为 6.91 亿 m^3（1981 年）。流域出口滦县站 1930—1979 年年平均径流量为 47.46 亿 m^3，最小为 16.05 亿 m^3（1936 年）；1980—1997 年，由于水库拦蓄，平均年径流量减少至 24.60 亿 m^3，最大为 59.10 亿 m^3（1997 年），最小为 8.67 亿 m^3（1982 年）（李建柱，2005）。潘家口水库、大黑汀水库的建设和运行对干流的自然水文情势有显著影响。在水库的作用及生态影响方面，由于滦河用水量剧增，加上潘家口水库、大黑汀水库的修建在相当程度上改变了河流的天然属性，导致滦河的自然水生态平衡发生变化。潘家口水库以上水量充沛，形成人工湖泊，水面烟波浩渺，风景优美，有"塞上漓江"和"北方小三峡"之称；但是，滦河中下游却由原来的常年性河流逐渐变成季节性河流，大大降低了滦河的活力，导致滦河下游的生态环境逐渐恶化，出现河道干涸、地下水位下降、湿地减少、河口淤积等问题。1997 年，桃林口水库一期工程建成后，滦河上最后一条较大的支流青龙河也得到控制，此后除丰水年汛期以外，一般年份滦河入海水量近于零。由于滦河下游河道径流量锐减，河道及滩地失去了维系生态环境及景观的水体，造成大范围土地干化、沙化，而且河水补给地下水的能力明显降低。由于缺乏应有的冲刷，河道、河口淤积严重，对河口生态环境产生极为不利的影响。潘家口水库、桃林口水库等一系列水库的建设对潘家口水库下游（滦县站）的水文特征影响巨大，强烈干扰了河流下游的水生态系统（钱春林，1994）。

3.1.4　生态分区

基于现场调查数据和文献调研，将滦河流域划分为内蒙古高原区、华北山地区、冀东沿海平原区（唱彤等，2014）。不同区域中的漫滩区基本特征和主要生态环境问题如表 3-2 所示。

表 3-2　滦河流域漫滩区基本特征和主要生态环境问题

生态区	地理位置	漫滩区基本特征和主要生态环境问题
内蒙古高原区	位于内蒙古高原和河北围场满族蒙古族自治县境内，海拔 1 200～1 600 m，为滦河河源区	半干旱半湿润高原区年降水量相对偏低，河流蜿蜒度大。其主要漫滩区为植被和农牧交错区。高原区地势平坦，西北风可长驱直入，降水量偏少，沙土颗粒细微，气候干燥，具备风蚀和沙化的条件。如植被发生破坏，就会出现风蚀。65%的北部山区属陡峭山地，高差大，坡面长且陡，沟谷密度大。由于水体流速较慢，岸带土壤侵蚀主要为风蚀，水流作用造成的侵蚀不显著（王利，1994）。放牧严重影响了草本植被和灌木的生长，造成草场退化、水土严重流失。土壤侵蚀类型主要是风蚀，人类活动造成的影响日益凸显

生态区	地理位置	漫滩区基本特征和主要生态环境问题
华北山地区	位于华北山地北部，海拔 100～1 600 m，为滦河上游和中上游区	河流下切剧烈，多"V"形河谷，漫滩区较窄。主要漫滩区土地利用类型为天然植被（以灌木、草灌混合为主，少量乔灌混生）、农业用地、城镇（村庄）用地。水流速度较快，但是流量仍然较小，岸带多为陡峭的山地，土壤侵蚀主要为水力侵蚀（郑博颖，2008）。河床多中细沙和卵石。河流含沙量大，闸坝林立，对河流自然水文情势造成影响的同时，也造成了泥沙的淤积，可能会对闸坝上下游的漫滩植被生态系统造成影响
冀东沿海平原区	位于冀东沿海平原，海拔 100 m，为滦河中游、下游区	中游河床及河漫滩发育，多分汊，河心洲众多，为辫状河流。岸带主要为天然植被（灌木、灌草混生）、农业用地、城镇（村庄）用地。相对上游单元岸带区，农业用地、村庄用地比例明显加大。下游河谷宽阔，水体流速较慢，漫滩发育，多分汊。岸带主要为农业（渔业）用地、城镇（村庄）用地。岸带主要受水量、流速增大造成的水蚀影响，以及河流城市段岸坡硬化和农村段建筑垃圾、生活垃圾等的影响。农业和渔业发达，尤其在下游至河口区域，由渔业和农田等人为因素造成的河道和河流岸带破碎化严重，水质较上游明显变差的同时，对漫滩区的植被也造成了影响，漫滩生态系统遭到严重破坏。滦河下游至河口沿岸主要为平原草甸植被及人工种植植被，林木稀少，地势平缓，主要农作物有玉米、小麦、豆类等

3.1.5 点位布设

（1）水系点位布设

2014 年 7 月和 10 月，本研究在河段尺度上从滦河源头到河口进行了野外采样和植被调查工作，其中包括 5 个上游牧区（大滩镇、闪电河、白城子、石人沟、红旗营房）、8 个中游山区（外沟门、苏家店、郭家屯、太平庄、西沟、张百湾、三道河、乌龙矶）、4 个下游平原区（迁西桥、马兰庄镇、王家楼村、姜各庄），各点位地理信息如表 3-3 所示。

表 3-3　滦河流域研究区点位地理信息

编号	点位名称	地点	干扰类型
L1	大滩镇	内蒙古自治区乌兰察布市察哈尔右翼中旗大滩镇	畜牧业
L2	闪电河	内蒙古自治区锡林郭勒盟多伦县闪电河一号桥	畜牧业
L3	白城子	内蒙古自治区锡林郭勒盟多伦县白城子村	畜牧业
L4	石人沟	河北省承德市丰宁满族自治县石人沟村	畜牧业
L5	红旗营房	内蒙古自治区锡林郭勒盟多伦县红旗营房	畜牧业、村庄
L6	外沟门	河北省承德市丰宁满族自治县外沟门乡	农业

编号	点位名称	地点	干扰类型
L7	苏家店	河北省承德市丰宁满族自治县苏家店乡	农业、采砂
L8	郭家屯	河北省承德市隆化县郭家屯镇	农业、村庄
L9	太平庄	河北省承德市滦平县太平庄满族乡	村庄、农业
L10	西沟	河北省承德市滦平县西沟满族乡	农田
L11	张百湾	河北省承德市滦平县张百湾镇	农田、村庄
L12	三道河	河北省承德市滦平县三道河村	道路、村庄
L13	乌龙矶	河北省承德县下板城镇乌龙矶村	道路、采石场
L14	迁西桥	河北省唐山市迁西县滦水湾大桥	道路、公园
L15	马兰庄镇	河北省唐山市迁西县马兰庄镇	放牧、垂钓、农田
L16	王家楼村	河北省秦皇岛市昌黎县王家楼村	道路、捕鱼、放牧
L17	姜各庄	河北省唐山市乐亭县	道路、砂质土

在河岸两侧的 17 个区域对漫滩植被进行了调查。滦河流域沿岸的漫滩植被大多数为草本植物。调查发现,自然的灌木和乔木植被在滦河流域的漫滩区域很少,采样面积按照草本层设计。每个点位处设置 10 个面积为 4 m² 的样方,总计 170 个样方。漫滩植被群落调查内容包括:①每个样方中植物的种类;②每种植物的盖度;③每个样方中植物的总盖度和平均高度。对于在野外实地无法确认名称的植物,进行了样品采集,以在实验室进一步分析确定。物种丰度为 4 m² 样方内物种的总数。对样方内每个物种的覆盖面积和平均高度进行了估计。根据《中国外来入侵植物名录》,并基于入侵植物的定义,识别了所有的外来植物并进行了记录。

在滦河水系从上游到下游设 17 个代表性点位,分秋季(2014 年 9—10 月)、春季(2015 年 4—5 月)和夏季(2015 年 7—8 月)3 个季节,对各点位进行采样分析。测定并记录河流水深、流速、基质类型、河道两岸硬化程度、河流岸带土地利用类型和植被类型等,记录河宽、水宽、两岸坡度、岸高等,采集水样和沉积物样品,用水质分析仪(YSI6400)现场测定水质。采集大型水生植物、浮游动植物和底栖动植物等生物样品。

(2)河段点位布设

2015 年 5 月,在 3 个代表性河段(L3 白城子、L7 苏家店和 L13 乌龙矶)各布设 8 个子点位,各子点位相距约 50 m,子点位布设位置如图 3-2 所示。测定并记录水文和水质结果,采集水样、沉积物样品和生物样品,采样点位环境如图 3-3～图 3-5 所示。

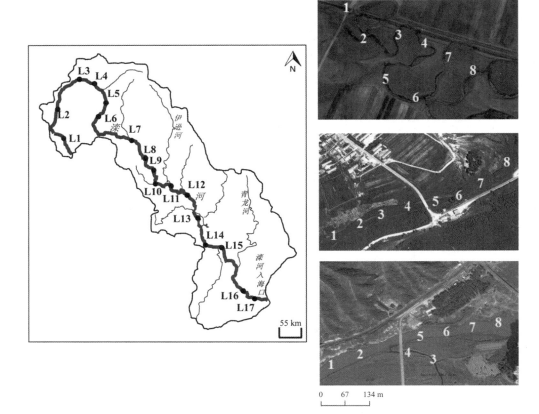

图 3-2 河段采样点位

（a）2014 年 10 月　　　　　（b）2015 年 5 月　　　　　（c）2015 年 7 月

图 3-3 上游 L3 白城子点位照片

（a）2014 年 10 月 　　　　　（b）2015 年 5 月 　　　　　（c）2015 年 7 月

图 3-4　中游 L7 苏家店点位照片

（a）2014 年 10 月 　　　　　（b）2015 年 5 月 　　　　　（c）2015 年 7 月

图 3-5　中下游 L13 乌龙矶点位照片

3.2　植被分布格局

3.2.1　流域尺度漫滩植被特征

为全面了解滦河流域植被分布特征，基于 GIS 平台和基础数据，对滦河流域植物大类、植物亚类的分布特征进行了统计（注：本研究中各植物物种的拉丁学名见附表 1 和附表 3）。

从植物大类出现频度来分析植被分布及斑块破碎化程度（如图 3-6 所示），可以发现滦河流域主要分布有灌丛、阔叶林、针叶林、草原、草丛、草甸、栽培植被、沼泽等（斑块出现频度依次降低）。滦河上游的植物大类主要为草原、草甸、栽培植被及少量灌丛、针叶林；滦河上游和中游交界区分布有阔叶林斑块；滦河中游的植物大类主要为灌丛和栽培植被；滦河下游与中游交界区出现了密集分布的草丛斑块，但破碎化较为严重；滦河下游主要为栽培植被，在河口区域呈现植被斑块破碎化极严重的状态。之前的研究揭示了滦河上游的种子区系特征以及滦河下游沉积相的分布特征。植物在空间尺度上的差异不但与气候、地理、地质条件有关，而且受到人为因素的影响，特别是下游植被斑块的破碎化以及栽培植被的单一化表明滦河流域植被分布与下游强人为干扰可能存在密切关系。这一发现也为进一步研究滦河流域漫滩区的植被分布与人为干扰之间的关系提供了研究的基础。

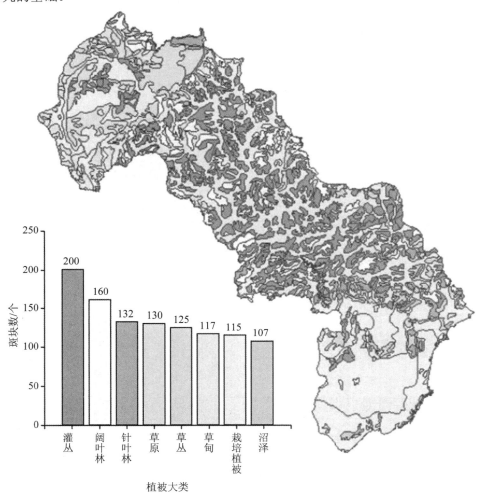

图 3-6　滦河流域植被大类斑块频度分布

从植被亚类分析流域乔、灌、草群落的分布特征，可以发现滦河流域上游的乔木层群落主要有大果榆疏林、白桦林、华北落叶松林，灌木层群落主要有小叶锦鸡儿灌丛、虎榛子灌丛、沙棘灌丛，草本层群落主要有羊草、杂草类草甸，羊草、丛生禾草草原，克氏针茅草原和苔草、杂类草草甸；滦河中游的乔木层群落主要有白桦林、蒙古栎林，灌木层群落主要有荆条、酸枣灌丛，绣线菊灌丛，榛子灌丛和虎榛子灌丛，草本层群落主要有杂类草草甸、苔草草甸、白羊草草丛，以及少量灌草混生群落，如荆条、酸枣、黄背草灌草丛；滦河下游的乔木层群落主要有油松林、蒙古栎林，灌木及草本层群落有荆条、酸枣、白羊草灌草丛，白羊草草丛，黄背草草丛；河口区的植被主要为碱蓬盐生草丛和芦苇沼泽。

3.2.2 河段尺度植物分布区系特征

根据各样方采样数据的分析，沿滦河漫滩研究区识别了维管植物共计 50 科 93 属 219 种（如附表 1 所示），以被子植物为主。共识别外来植物 53 种，占所有物种的 24.2%。从植物物种多样性的比较来看，在 219 种植物中，主要科系依次为菊科、禾本科、蓼科、豆科、蔷薇科、唇形科、莎草科、十字花科、藜科。这 9 个科系的植物物种数大约占了所有物种数的 65%。其中，菊科植物种类最多（42 种），其物种数占总物种数的 19.2%；其次为禾本科植物（32 种），其物种数占总物种数的 14.6%；再次为蓼科（12 种）、豆科（11 种）、蔷薇科（11 种）、唇形科（10 种）、莎草科（9 种）、十字花科（9 种）、藜科（6 种），分别占总物种数的 5.5%、5.0%、5.0%、4.6%、4.1%、4.1%、2.7%（如图 3-7 所示）。由此可见，滦河流域漫滩区植物区系的优势科明显。

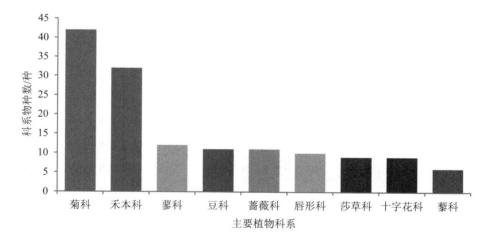

图 3-7 滦河流域漫滩区主要植物科系特征

从植物生长情况看，上游地区为高原草甸，主要可见"披碱草+委陵菜""蔗草+节节菜+地榆""野艾蒿+藜""藜+大籽蒿+缘毛鹅观草"等为优势种的群落，草甸中伴生有水杨梅、地榆、蒿蓄、二裂委陵菜、花苜蓿等；其余杂类草群落成分繁杂，优势种不明显，主要有天仙子、鹅观草、萎蒿、蒿蓄、野艾蒿、大车前、赖草等。植被群落高度为 5～80 cm，盖度为 20%～100%，样方间的高度差异和盖度差异较大。放牧对植被群落的高度和分布产生了影响。

中游地区为山区植被，主要可见以"委陵菜+无芒雀麦""扁秆藨草+老芒麦""泽芹+大刺儿菜+地笋""蒌蒿+狗尾草"等为优势种的群落，草甸中伴生有冬葵、地肤、苍耳、假苇拂子茅、酸模叶蓼等植物。植被群落高度为 10～50 cm，盖度范围为 10%～100%，样方间的植被高度和盖度差异不大。通常受地质和岸带的农业用地影响较大。

下游地区为冀东沿海平原植被，主要可见"附地菜+水芹""野艾蒿+附地菜""白茅+芦苇""狗尾草+白茅""朝天委陵菜+猪毛菜"等为优势种的群落，草甸中伴生有圆叶牵牛、菖蒲、萝藦、苦菜、葎草、尖头叶藜等植物。植被群落高度为 5～120 cm，盖度范围为 5%～100%，样方间植被高度和盖度差异巨大。这是下游强人为干扰和复杂干扰类型作用的结果。

3.2.3 河段尺度植被分布差异

植物物种多样性的差异是地球表面物理因素变化及其影响的结果，物理因素影响了有机物和无机物的分布，间接影响了物种多样性。本研究表明，漫滩植被的多样性在不同的点位和样方间存在显著差异。主要规律是各样方的物种丰度为 2～15 种，而丰度均值差异较小。上游和中游的样方间物种丰度差异不大，但下游（冀东沿海平原区）的漫滩植被样方间物种差异极大（如图 3-8 所示）。

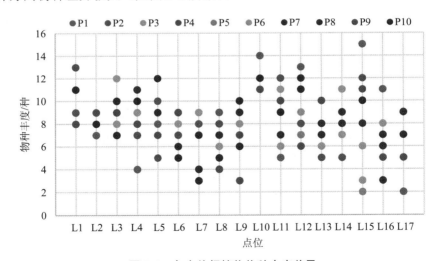

图 3-8 各点位间植物物种丰度差异

各点位间外来植物的分布特征是总外来植物丰度为 53 种（如图 3-9 所示），各样方中外来植物丰度范围为 0～5 种，呈现从上游到下游逐渐增多的趋势。上游点位外来植物最少，如大滩镇和石人沟的外来植物极少，仅在 2～3 个样方中发现了外来植物。而西沟、张百湾、三道河的外来植物最多。尽管滦河流域漫滩区外来植物丰度较高,但多集中于少数外来植物。从外来植物在各样方中的分布来看,反枝苋出现频次最高,但出现反枝苋的样方中,本地植物丰度并未显著降低;而在豚草、大狼把草出现的样方中,本地植物丰度明显降低。

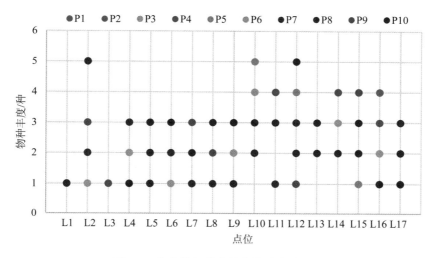

图 3-9 各点位间外来植物物种丰度差异

从多样性指数的计算结果来看,各点位从海拔梯度上未呈现明显的多样性规律(如图 3-10 所示)。因此,需要从人为干扰等其他因素上考虑影响多样性差异的关键因子。

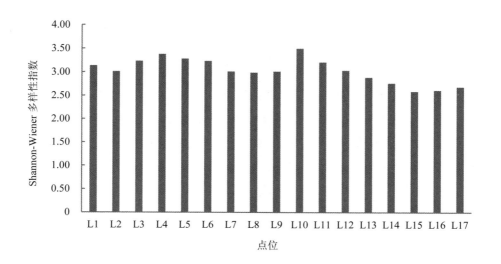

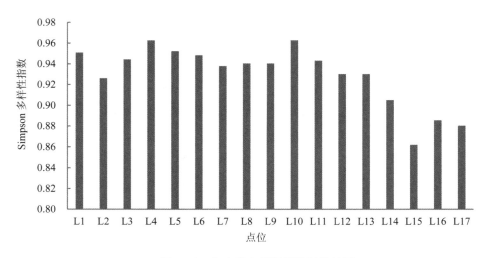

图 3-10 各点位多样性指数计算结果

3.2.4 外来植物入侵特征

以往的研究从外来植物的入侵范围、危害程度等方面确定了其危害等级。但是由于针对外来植物危害等级的研究往往需要大量的统计数据，而针对流域中河漫滩尺度的外来植物危害等级的确定尚未有系统的方法，因此本研究提出在滦河流域的漫滩区，应当结合出现频次和对本地植物丰度的降低程度来确定外来植物的入侵等级，并构建外来植物入侵指数（alien plant invasion index，AII）。

根据外来入侵植物的入侵范围、危害等级和生物学、生态特性，将外来植物划分为 5 个等级，包括 1 级恶性入侵植物、2 级严重入侵植物、3 级局部入侵植物、4 级一般入侵植物、5 级有待观察植物（何家庆，2012）。海河流域入侵植物的调查最早见于刘全儒等关于北京地区入侵植物的研究，该研究认为北京外来入侵植物有 91 种，其中来源于其他国家和地区的植物有 66 种，来源于国内其他地区的有 25 种，隶属 25 科（任颖等，2015；马金双，2013）。以上方法考虑了外来植物的多种入侵危害指标，但是未能考虑外来植物的"排外性"，也就是未能考虑在每个样方中外来植物对本地植物丰度所产生的负面影响。本研究综合考虑了外来植物的出现频次以及在每个样方中外来植物对其他物种的"排外性"，构建了外来植物入侵指数（AII），并确定了入侵等级的划分标准：AII≤1 为低度入侵等级；1<AII<5 为中度入侵等级；AII≥5 为高度入侵等级。

根据外来植物入侵指数计算的结果（如表 3-4 所示）以及入侵等级评价标准，滦河流域漫滩区有高度入侵植物 4 种（AII≥5），包括反枝苋（*Amaranthus retroflexus* L.）、大狼把草（*Bidens frondosa* L.）、小蓬草（*Conyza canadensis* L.）和三叶鬼针草（*Bidens pilosa* L.），其外来植物入侵指数分别为 7.5、7.1、6.8 和 6.4。中度入侵植物有 11 种（1＜ AII＜5），分别为合被苋（*Amaranthus polygonoides* L.）、凹头苋（*Amaranthus blitum* L.）、野老鹳草（*Geranium carolinianum* L.）、蓖麻（*Ricinus communis* L.）、苘麻（*Abutilon theophrasti*）、曼陀罗（*Darura stramonium* L.）、豚草（*Ambrosia artemisiifolia* L.）、一年蓬（*Erigeron annuus* L.）、黑麦草（*Lolium perenne* L.）、虎尾草（*Chloris virgata*）、蟋蟀草（*Eleusine indica*）（如表 3-4 所示）。其余 38 种为低度入侵植物（AII≤1）。尽管前文中提到反枝苋出现的样方中其余物种丰度未明显降低，但是由于反枝苋出现频次远高于其他外来植物，因此反枝苋仍然为高度入侵植物。根据外来植物入侵指数计算的结果，滦河流域漫滩区中，最应当防范的外来植物为反枝苋（*Amaranthus retroflexus* L.）、大狼把草（*Bidens frondosa* L.）、小蓬草（*Conyza canadensis* L.）和三叶鬼针草（*Bidens pilosa* L.）。

表 3-4 外来植物名录及外来植物入侵指数

编号	外来植物	拉丁学名	出现频次	外来植物入侵指数
1	大麻	*Cannabis sativa* L.	2	0.9
2	杂配藜	*Chenopodium hybridum* L.	3	0.7
3	铺地藜	*Chenopodium pumilio* R.Br.	2	0.6
4	合被苋	*Amaranthus polygonoides* L.	6	1.1
5	反枝苋	*Amaranthus retroflexus* L.	35	7.5
6	皱果苋	*Amaranthus viridis* L.	1	0.3
7	苋	*Amaranthus tricolor* L.	3	0.5
8	尾穗苋	*Amaranthus caudatus* L.	1	0.2
9	凹头苋	*Amaranthus blitum* L.	7	1.4
10	夜香紫茉莉	*Mirabilis nyctaginea*	1	0.1
11	小花山桃草	*Gaura parviflora*	1	0.1
12	无瓣繁缕	*Stellaria pallida*	2	0.3
13	刺槐	*Robinia pseudoacacia* L.	1	0.1
14	含羞草	*Mimosa pudica* L.	1	0.2
15	红花酢浆草	*Oxalis corymbosa*	1	0.3
16	野老鹳草	*Geranium carolinianum* L.	7	1.8
17	大地锦草	*Euphorbia nutans*	2	0.4
18	蓖麻	*Ricinus communis* L.	3	3.0
19	野西瓜苗	*Hibiscus trionum*	1	0.2
20	苘麻	*Abutilon theophrasti*	5	1.6

编号	外来植物	拉丁学名	出现频次	外来植物入侵指数
21	田旋花	*Convolvulus arvensis* L.	1	0.1
22	圆叶牵牛	*Pharbitis purpurea*（L.）Voigt	2	0.2
23	裂叶牵牛	*Pharbitis hederacea* L.	1	0.2
24	马樱丹	*Lantana camara* L.	1	0.3
25	曼陀罗	*Darura stramonium* L.	3	1.3
26	毛曼陀罗	*Datura innoxia*	1	0.5
27	刺萼龙葵	*Solanum rostratum*	1	0.1
28	灯笼草	*Physalis angulate* L.	2	0.3
29	刺果瓜	*Sicyos angulatus* L.	1	0.1
30	长叶车前	*Plantago lanceolate* L.	1	0.3
31	芒苞车前	*Plantago aristata*	1	0.2
32	豚草	*Ambrosia artemisiifolia* L.	2	2
33	钻叶紫菀	*Aster subulatus*	1	0.3
34	小蓬草	*Conyza canadensis* L.	27	6.8
35	野茼蒿	*Crassocephalum crepidioides*	1	0.3
36	一年蓬	*Erigeron annuus* L.	6	2.2
37	欧洲千里光	*Senecio vulgaris* L.	2	0.7
38	意大利苍耳	*Xanthium italicum*	2	0.9
39	菊芋	*Helianthus tuberosus* L.	1	0.2
40	大波斯菊	*Cosmos bipinnata*	1	0.2
41	硫磺菊	*Cosmos sulphureus*	1	0.3
42	大狼把草	*Bidens frondosa* L.	26	7.1
43	三叶鬼针草	*Bidens pilosa* L.	32	6.4
44	苦苣菜	*Sonchus oleraceus* L.	12	0.2
45	续断菊	*Sonchus asper* L.	1	0.2
46	两色金鸡菊	*Coreopsis tinctoria*	1	0.4
47	黑麦草	*Lolium perenne* L.	3	1.1
48	虎尾草	*Chloris virgata*	9	2.2
49	假高粱	*Sorghum halepense*	1	0.2
50	苏丹草	*Sorghum sudanense*	2	0.7
51	蟋蟀草	*Eleusine indica*	3	1.3
52	加拿大早熟禾	*Poa compressa* L.	2	0.8
53	水浮莲	*Pistia stratiotes*	1	0.2

3.3 底栖动物分布格局

3.3.1 种类组成

在滦河水系 17 个点位采集到底栖动物 105 种，其中节肢动物、环节动物和软体动物等三大类的种类及所占比例分别为 76 种、72.4%，18 种、17.1%，10 种、9.5%。各点位分类单元数如图 3-11 所示，其中，优势类群为节肢动物门的昆虫纲，共 33 科 71 属 73 种，占全部种类的 69.5%。EPT 昆虫总物种数为 17 种，占调查发现的底栖动物的 16.2%，其中蜉蝣目 7 科 10 属，襀翅目 2 科 2 属，毛翅目 4 科 4 属。点位间的多个大型底栖动物指标差异较大（如表 3-5 所示），如总分类单元数最少为 1，最大为 10。

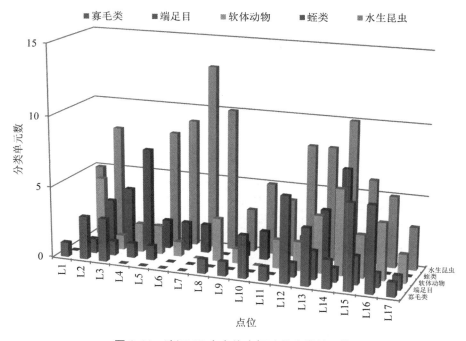

图 3-11 滦河 17 个点位底栖动物分类单元数

从分布看，EPT 昆虫主要分布于清洁水体；双翅目的摇蚊科拥有较多广适性种类，在上游、中游、下游的清洁水体和污染水体中都有发现；寡毛类的颤蚓科主要是污染水体中的优势类群。

表 3-5　大型底栖动物群落结构及其他特征

变量	编号	定义/描述	平均值（最小值，最大值）
总分类单元数	M1	鉴定出的所有分类单元数	5（1，10）
寡毛类分类单元数	M2	寡毛类的分类单元数	1（0，4）
（甲壳纲+软体动物）分类单元数	M3	（甲壳纲+软体动物）的分类单元数	1（0，4）
蛭类分类单元数	M4	蛭类的分类单元数	1（0，4）
水生昆虫分类单元数	M5	水生昆虫的分类单元数	2（0，7）
EPT 昆虫分类单元数	M6	EPT 昆虫的分类单元数	1（0，6）
蜉蝣目分类单元数	M7	蜉蝣目的分类单元数	1（0，4）
双翅目分类单元数	M8	双翅目的分类单元数	1（0，7）
摇蚊科分类单元数	M9	摇蚊科的分类单元数	1（0，7）
Shannon-Wiener 多样性指数	M10	Shannon-Wiener 多样性指数	1.60（0，2.8）
Margalef 丰富度指数	M11	Margalef 丰富度指数	0.8（0，1.93）
Pielou 均匀度指数	M12	Pielou 均匀度指数	0.69（0.11，1）
Simpson 多样性指数	M13	Simpson 多样性指数	0.76（0，0.90）
寡毛类占比	M14	寡毛类个体数/点位总个体数	0.20（0，1.20）
（甲壳类+软体动物）占比	M15	（甲壳类+软体动物）个体数/点位总个体数	0.19（0，0.97）
蛭类占比	M16	蛭类个体数/点位总个体数	0.14（0，0.93）
EPT 昆虫占比	M17	（蜉蝣目+襀翅目+毛翅目）个体数/点位总个体数	0.23（0，1）
蜉蝣目占比	M18	蜉蝣目个体数/点位总个体数	0.11（0，0.86）
双翅目占比	M19	双翅目个体数/点位总个体数	0.24（0，1）
颤蚓科占比	M20	颤蚓科个体数/点位总个体数	0.16（0，0.95）
摇蚊科占比	M21	摇蚊科个体数/点位总个体数	0.21（0，1）
最优势类群占比	M22	最优势类群个体数/点位总个体数	0.56（0.25，1）
前 3 位优势分类单元占比	M23	前 3 位优势分类单元个体总数/点位总个体数	0.88（0.64，1）
敏感分类单元数	M24	敏感分类单元数	1（0，6）
耐污类群占比	M25	耐污类群个体总数/点位总个体数	0.34（0，1）
BI（Biotic Index）	M26	BI 耐污指数	6.29（2.87，19.43）
滤食者占比	M27	滤食者个体数/点位总个体数	0.12（0，0.94）
刮食者占比	M28	刮食者个体数/点位总个体数	0.09（0，0.68）
收集者占比	M29	收集者个体数/点位总个体数	0.62（0，1）
捕食者占比	M30	捕食者个体数/点位总个体数	0.17（0，0.93）
撕食者占比	M31	撕食者个体数/点位总个体数	0.01（0，0.22）

3.3.2 密度和生物量

滦河 17 个点位各季节底栖动物平均密度分别为：春季 423.44 个/m² （94～1 639 个/m²），夏季 542.76 个/m² （12～5 996 个/m²），秋季 1 052.94 个/m² （48～8 750 个/m²）。各点位密度大小排序前 3 位：春季为 L2 闪电河、L16 王家楼村、L9 太平庄；夏季为 L2 闪电河、L13 乌龙矶、L15 马兰庄镇；秋季为 L2 闪电河、L3 白城子、L10 西沟。各点位密度差异大，闪电河密度最大是因为采集到较多的萝卜螺（*Radix* sp.）、羽摇蚊（*Chironomus plumosus*）和霍甫水丝蚓（*Limnodrilus hoffmeisteri*），这 3 种底栖动物的耐污值均高于 8.0。

滦河底栖动物平均生物量为：春季 14.2 g/m²，夏季 17.6 g/m²，秋季 24.0 g/m²。各点位生物量大小排序前 5 位：春季为 L2 闪电河、L12 三道河、L5 红旗营房、L3 白城子、L16 王家楼村；夏季为 L2 闪电河、L14 迁西桥、L15 马兰庄镇、L13 乌龙矶、L16 王家楼村；秋季为 L2 闪电河、L14 迁西桥、L13 乌龙矶、L7 苏家店、L3 白城子。各点位生物量差异亦较大，L2 闪电河的密度和生物量均较大；L14 迁西桥和 L16 王家楼村的生物量较大，因其甲壳类和软体动物比重较大。各季节 17 个点位的底栖动物密度和生物量如图 3-12 所示。

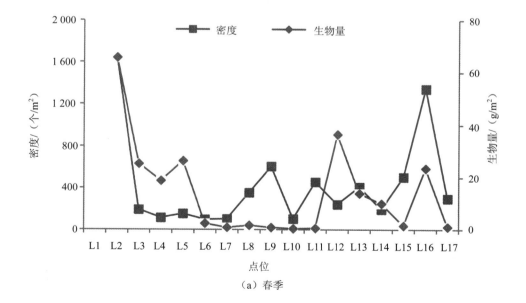

（a）春季

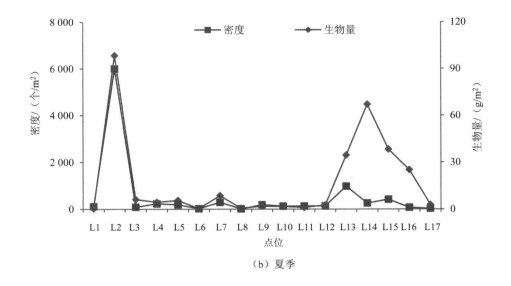

（b）夏季

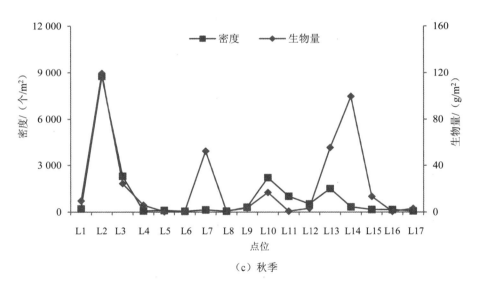

（c）秋季

图 3-12 滦河各季节底栖动物密度和生物量分布

3.3.3 群落结构季节分布

各季节底栖动物群落组成分布如图 3-13 所示。可以看出，各点位物种数季节性变化大。总体而言，上游源头 L1 和下游 L16 及 L17 的物种数较少，中游 L13 的物种数较多。后面进一步结合物种丰富度和耐污性分析其受环境条件和人为干扰的影响。

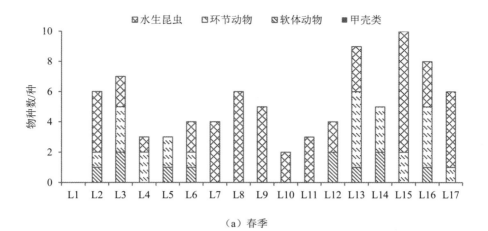

（a）春季

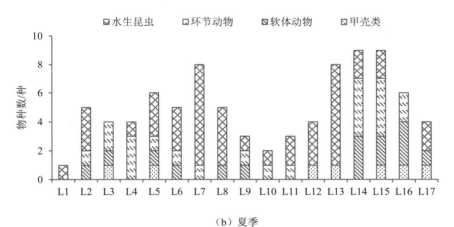

（b）夏季

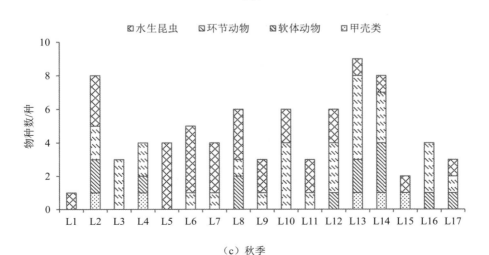

（c）秋季

图 3-13   滦河各季节底栖动物群落组成分布

第4章　滦河岸带湿地人为影响因子识别

4.1　滦河流域土地利用变化特征

滦河流域漫滩的土地利用类型主要为林地、灌木林、草地、农业用地、城镇（村庄）用地、水域滩涂等（如图 4-1 所示）。滦河流域生态分区为内蒙古高原区、华北山地区和冀东沿海平原区。滦河流域的内蒙古高原区植被覆盖较好，中游山地区山势起伏多变，下游平原景观斑块破碎化严重。依据分析结果（如表 4-1 所示），林地和灌木林的面积在华北山地区的比例最高，均为 14%；在内蒙古高原区，林地和灌木林所占比例均较低，分别为 4%和 3%；在冀东沿海平原区，则呈现出灌木林比例极低的特点，占比仅为 1%，在该区域林地占比为 9%。草地面积占比在内蒙古高原区最高，为 41%；华北山地区的草地面积占 10%；在冀东沿海平原区，草地所占比例很低，仅为 3%。以上说明在人口密度最大的冀东沿海平原区，自然植被的覆盖度很低，说明强烈的人为活动可能对灌木林和草地造成了较大影响。尽管林地在该区域的比例为 9%，但通过现场观察，发现该区域林地多为人工林，自然生长的乔木极少。农业用地在 3 个区域的分布特征为在内蒙古高原区比例较小（17%），而在华北山地区和冀东沿海平原区占比均很高，分别为 46%和 53%。城镇（村庄）用地在内蒙古高原区和华北山地区所占比例较低，分别为 1%和 4%，而在冀东沿海平原区的比例较高，为 13%。农业用地、城镇（村庄）用地的分布特点表明了滦河从上游到下游受到的人为干扰有逐渐增强的趋势。水域滩涂在内蒙古高原区占比最高，为 33%；在冀东沿海平原区占比为 18%；在华北山地区占比最低，为 7%。水域滩涂的分布特点主要与 3 个区域的地理地质特征有关。山区的地理地质特征决定了其岸带区域的水域滩涂面积很小。

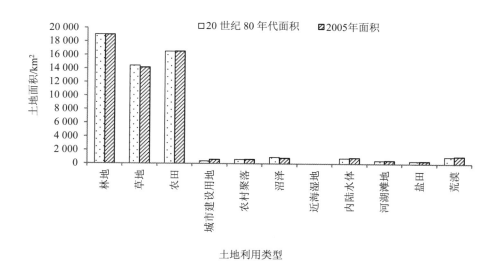

图 4-1　2005 年滦河水系土地利用类型面积对比

表 4-1　滦河漫滩区土地利用类型分布比例　　　　　　　　　单位：%

土地利用类型	内蒙古高原区	华北山地区	冀东沿海平原区
林地	4	14	9
灌木林	3	14	1
草地	41	10	3
农业用地	17	46	53
城镇（村庄）用地	1	4	13
水域滩涂	33	7	18
其他	1	5	3

　　整体而言，滦河流域内蒙古高原区漫滩土地利用类型中，草地面积、水域滩涂面积占比较高，农业用地面积占比相对其他分区较小，而城镇（村庄）用地面积占比极低；在华北山地区，农业用地面积占比最高，而城镇（村庄）用地和水域滩涂面积占比均很小；在冀东沿海平原区，农业用地、水域滩涂和城镇（村庄）用地面积占比均较高。以上特征与这 3 个区域的人为干扰强度、气候、水文、地质特征密不可分。

　　不同生态分区的河流自然属性发生改变，因此所受到的干扰类型也相应改变。结合实地调研数据以及 GIS 分析结果，从人为干扰强度和类型看，从上游到下游，人为干扰逐渐增强，干扰类型呈现从放牧到城镇（村庄）再到农田干扰的趋势。从自然条件看，内蒙古高原区位于河源段，气候、土壤干燥，从而影响了乔木和灌木群落的生长，对漫滩栖息地造成一定的影响。华北山地区位于流域中上部，水量相对丰富，水质较好，也未受到下游大型闸坝运行的影响，山势较为陡峭，人口密度相对下游较低，因此所受干扰主要为农业干扰。在冀东沿海平原区，水量大，但由于河流纵向坡降变小、流速变缓，较为丰富的水资源和平缓的地势造成人口的大量聚集。该区域农业、渔业发达，同时还受到了污染、放牧、建筑垃圾等因素以及闸坝运行带来的河流纵向连通性及横向连通性受损和洪峰降低的多重干扰。因此，冀东沿海平原区所受人为干扰强度最大，干扰类型最复杂，植被斑块破碎化严重。漫滩植被在宏观尺度上受河流连通性的影响，在中尺度上受洪水峰值频度的干扰，在微观尺度上受局部人为因素的影响，以及斑块特性、地貌特征等微生境因素的影响（Ramsey et al.，2014）。本研究发现，从流域尺度、生态分区尺度看，漫滩植被从河源到河口的空间变化存在明显差异。随着人为干扰强度增加，河流岸带植被破碎化程度加强，因此有必要针对外来植物进行研究（Meek et al.，2010）。研究发现，从河源到河口，外来植物数量呈增加趋势，人为干扰对漫滩植被群落组成呈现显著的影响（Nilsson et al.，2005）。本研究发现，不同生态分区植物分布的差异与人为干扰关系密切。并且由于受到的人为干扰较强，因此对外来植物的研究也是十分必要且具有实际意义的。

4.2 滦河河流沉积物粒度分布特征

4.2.1 滦河水系表层沉积物粒度特征

在滦河水系共设置 49 个样点。以闪电河水库下游为起点，在滦河山区有 LH01～LH41 共 41 个样点，这些样点分布在滦河干流以及各支流上；在滦河平原及冀东沿海诸河区域设置 LH42～LH49 共 8 个样点（如图 4-2 所示）。

滦河水系样点表层沉积物粒度（s）参数及等级划分结果如表 4-2 所示。平均粒径用来表示河流沉积物颗粒大小的集中趋势，是反映沉积物粒度特征的重要参数。为了较全面地反映沉积物颗粒的组成变化，将其划分为 3 个组分，分别是黏土、粉砂和砂，粒径分界点为 0.004 mm 和 0.063 mm（Wentworth，1922）。沉积物平均粒径柱状图（如图 4-3 所示）显示，LH01～LH32 与 LH33～LH49 两部分平均粒径变化差异显著，其中 LH01～LH32 位于滦河水系潘家口水库及大黑汀水库的上游地区，除去粒径极值点 LH08，这部分样点沉积物平均粒径变化范围在 30.7～247.1 μm，均值为 120.7 μm，标准偏差为 55 μm，相关分析得出 Pearson 相关系数为−0.547（$P=0.01$），沉积物平均粒径从上游到下游有减小的趋势。而 LH33～LH49 这部分的沉积物平均粒径波动极大，变化范围在 25.7～922.8 μm，均值为 214.5 μm，标准偏差为 236.1 μm，明显大于水库上游地区。滦河中下游地区建有潘家口水库、大黑汀水库、桃林口水库等大中型水库，这 3 个水库控制了下游地区流域面积的 90%，对河水流速、流量及河道的干扰作用明显，导致出现这一地区沉积物粒度显著高于上游山区沉积物粒度的现象（张丽云等，2012）。

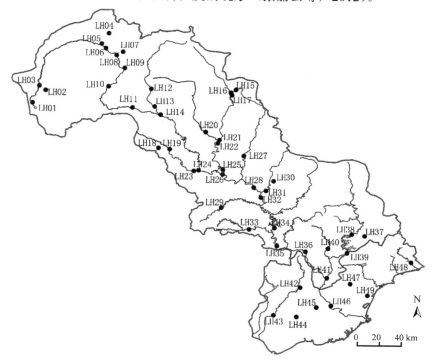

图 4-2　滦河水系样点位置分布

表 4-2　滦河水系样点表层沉积物粒度参数及等级划分

样点	平均粒径/μm	分选系数（φ）	分选等级	偏度（S_k）	偏度峰形	峰度（K_g）	黏土占比/%	粉砂占比/%	砂占比/%
LH01	160.5	1.63	较差	0.39	极正偏	0.69	0.43	29.99	69.58
LH02	130.2	1.53	较差	0.39	极正偏	0.72	0	31.58	68.42
LH03	96.25	0.74	中等	0.22	正偏	1.20	0	16.85	83.15
LH04	247.1	0.61	较好	0.17	正偏	1.14	0	0.33	99.67
LH05	170.1	0.78	中等	0.35	极正偏	0.74	0	8.30	91.70
LH06	151.4	1.13	较差	0.25	正偏	0.79	0	15.24	84.76
LH07	165.9	0.55	较好	0.12	正偏	0.87	0	1.16	98.84
LH08	483.7	0.77	中等	0.56	极正偏	2.56	0	0	100.0
LH09	204.8	0.44	好	-0.02	近对称	0.99	0	0	100.0
LH10	137.6	0.52	较好	-0.20	负偏	0.84	0	2.81	97.19
LH11	94.05	1.17	较差	0.44	极正偏	1.10	0	36.06	63.94
LH12	107.6	0.62	较好	0.06	近对称	0.77	0	15.82	84.18

样点	平均粒径/μm	分选系数（φ）	分选等级	偏度（S_k）	偏度峰形	峰度（K_g）	黏土占比/%	粉砂占比/%	砂占比/%
LH13	60.68	0.99	中等	0.26	正偏	1.59	0	54.22	45.78
LH14	225.3	0.53	较好	−0.06	近对称	0.85	0	0	100.0
LH15	203.1	1.70	较差	0.31	极正偏	0.96	0.48	24.11	75.41
LH16	105.8	0.64	较好	0.12	正偏	0.77	0	17.51	82.49
LH17	99.17	0.92	中等	0.23	正偏	0.84	0	27.08	72.92
LH18	160.6	1.60	较差	0.43	极正偏	0.68	0	31.69	68.31
LH19	35.81	1.14	较差	0.29	正偏	0.95	1.86	82.19	15.95
LH20	140.0	2.04	差	0.23	正偏	0.61	3.13	37.08	59.79
LH21	123.9	1.68	较差	0.32	极正偏	0.78	1.92	27.23	70.85
LH22	100.1	1.19	较差	0.34	极正偏	0.70	0.39	27.81	71.80
LH23	97.53	1.69	较差	0.67	极正偏	1.57	0.82	51.67	47.51
LH24	118.5	0.84	中等	0.52	极正偏	1.48	0	15.87	84.13
LH25	53.89	1.30	较差	0.40	极正偏	1.54	1.00	65.18	33.82
LH26	58.78	0.83	中等	0.29	正偏	1.94	0	55.59	44.41
LH27	30.65	1.26	较差	0.40	极正偏	1.18	3.61	84.28	12.11
LH28	73.63	1.54	较差	0.35	极正偏	1.10	1.82	46.25	51.93
LH29	138.3	1.71	较差	0.46	极正偏	0.73	0	37.48	62.52
LH30	127.0	1.70	较差	0.71	极正偏	1.51	0	48.33	51.67
LH31	42.13	1.65	较差	0.57	极正偏	1.66	4.51	70.14	25.35
LH32	80.62	1.59	较差	0.54	极正偏	1.28	1.54	54.92	43.54
LH33	284.7	0.99	中等	0.44	极正偏	2.45	0	2.66	97.34
LH34	25.72	1.33	较差	0.52	极正偏	1.45	3.61	86.23	10.16
LH35	409.9	0.90	中等	0.42	极正偏	2.13	0	0	100.0
LH36	32.00	1.58	较差	0.57	极正偏	1.32	5.49	76.89	17.62
LH37	536.8	1.50	较差	0.44	极正偏	1.37	0	9.05	90.95
LH38	79.57	1.53	较差	0.56	极正偏	1.36	0	52.63	47.37
LH39	169.8	0.88	中等	0.07	近对称	0.81	0	9.50	90.50
LH40	52.01	1.45	较差	0.50	极正偏	1.52	1.55	66.27	32.18
LH41	922.8	0.61	较好	0.22	正偏	0.77	0	1.91	98.09
LH42	49.94	1.38	较差	0.41	极正偏	1.30	1.98	66.50	31.52
LH43	312.7	0.85	中等	0.47	极正偏	2.44	0	0	100.0
LH44	153.1	0.59	较好	0.08	近对称	0.89	0	3.61	96.39
LH45	30.84	1.24	较差	0.40	极正偏	1.16	3.14	84.72	12.14
LH46	268.1	0.82	中等	0.38	极正偏	1.70	0	0.81	99.19
LH47	77.67	1.42	较差	0.58	极正偏	1.27	0	57.92	42.08
LH48	36.41	1.58	较差	0.61	极正偏	3.02	3.99	77.59	18.42
LH49	204.5	0.49	好	−0.24	负偏	1.07	0	0.92	99.08

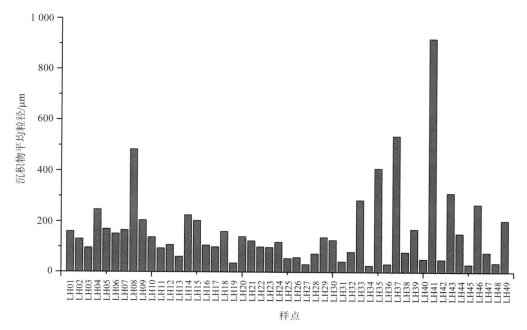

图 4-3　滦河水系样点沉积物平均粒径

从沉积物组分含量占比来看（如图 4-4 所示），黏土含量占比变化范围在 0～5.49%，LH01～LH18 黏土含量基本为 0，即在滦河水系上游支流闪电河、小滦河等的沉积物是由砂和粉砂组成的，其中砂是优势组分，其含量占比平均在 82.6%。黏土在 LH18 后开始出现，同时粉砂含量占比逐渐增大，砂与粉砂含量占比差异逐渐稳定。在 LH32 后，粉砂与砂含量占比此消彼长、波动明显，与沉积物平均粒径的变化一致；这一区域受大型水库的控制作用明显，导致一些样点沉积物完全由砂构成。

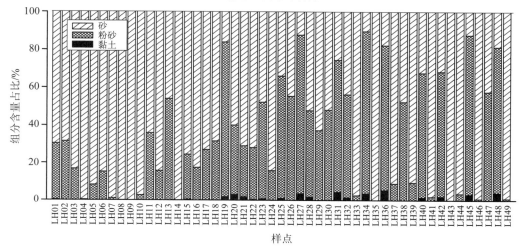

图 4-4　滦河水系样点沉积物组分含量占比

应用黏土、粉砂和砂的含量数据作三角组分图，根据 Shepard 沉积物分类方法对滦河水系沉积物粒级进行划分命名，结果如图 4-5 所示。49 个样品中，粉砂沉积物有 6 个，砂质粉砂沉积物有 10 个，粉砂质砂沉积物有 11 个，砂沉积物有 22 个。沉积物整体偏粗，砂类沉积物样点主要分布在滦河上游地区及下游沿海平原。

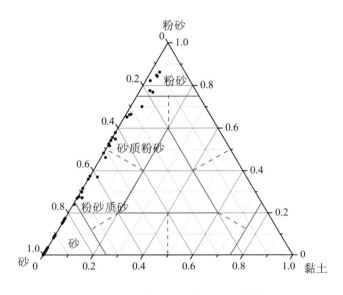

图 4-5　滦河水系沉积物三角组分图

滦河水系样点沉积物样品的分选系数、偏度和峰度变化趋势如图 4-6 所示。分选系数变化范围在 0.44～2.04，其中 LH01～LH14 等 14 个样点中有 10 个样点分选较好或中等，说明滦河上游支流闪电河及小滦河流域整体分选较好。而滦河水系中游地区（LH15～LH38）分选基本较差；下游平原地区分选较差，约占 50%，其他约占 50%。偏度变化范围在－0.24～0.71，在 LH09、LH10、LH14 和 LH49 出现负偏，其他各点大部分呈正偏或极正偏。峰度变化范围在 0.61～3.02，在滦河上游闪电河及中上游支流伊逊河上的沉积物粒度峰态平坦，LH23～LH38 所在的中游区域峰态呈尖锐或极尖锐，而沿海平原区峰态变化较大。

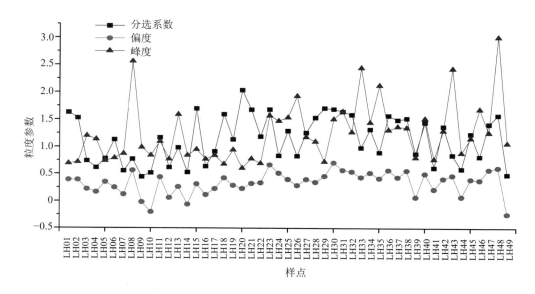

图 4-6　滦河水系样点沉积物分选系数、偏度、峰度变化

滦河水系样点沉积物粒度频率曲线分布如图 4-7 所示。49 个样点沉积物中,单峰沉积物有 8 个,双峰沉积物有 17 个,3 峰沉积物有 14 个,4 峰沉积物有 9 个,5 峰沉积物有 1 个。1～3 峰沉积物占总体的 80% 左右,滦河上游支流闪电河、小滦河流域(LH01～LH14)沉积物主要为单峰及双峰分布,滦河水系中游地区(LH15～LH37)沉积物出现大量 3 峰、4 峰分布,下游平原区多为双峰沉积物,并出现两处单峰分布、两处 4 峰分布。

综上可知,滦河水系沉积物平均粒径以中下游潘家口水库和大黑汀水库为界,上游与中下游差别明显,上游沉积物平均粒径波动较小,均值为 120.7 μm,标准偏差为 55 μm,整体分布从上游至中游有逐渐变小的趋势;水库下游沉积物平均粒径波动极大,均值为 214.5 μm,标准偏差为 236.1 μm。上游沉积物组分以砂为主,中游出现黏土组分,粉砂含量逐渐增大,下游平原区粉砂与砂含量波动变化明显。滦河水系上游沉积物分选较好,中游地区分选基本较差,下游平原区分选好与差比例均等,整体呈正偏或极正偏。上游地区沉积物粒度峰态平坦,中游地区沉积物粒度峰态尖锐,下游平原区沉积物粒度峰态差别较大。整个水系沉积物以 1～3 峰为主,上游多为单峰沉积物、双峰沉积物,中游多为 3 峰沉积物、4 峰沉积物,下游平原区多为双峰沉积物,同时存在少量 4 峰沉积物。

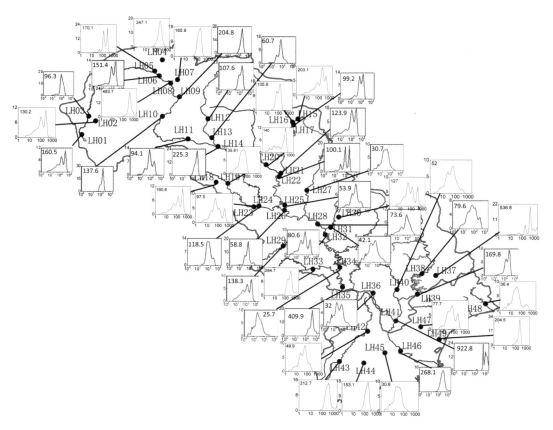

注：曲线左上为平均粒径值（μm）。

图 4-7　滦河水系样点沉积物粒度频率曲线分布

4.2.2　滦河干流表层沉积物粒度特征

滦河干流 15 个样点的沉积物粒度参数测定结果如表 4-3 所示。滦河干流样点沉积物的分选性整体较差，中游沉积物分选性相对好于上游和下游。15 个样点的沉积物粒度基本正偏，下游比上游更加正偏。从峰度的等级划分结果来看，中下游沉积物粒度峰态呈现出更尖锐的趋势。

表 4-3　滦河干流样点沉积物粒度参数及等级划分

样点	断面名称	平均粒径/μm	分选系数（φ）	分选等级	偏度（S_k）	偏度等级	峰度（K_g）	峰度等级
L1	沽源县西河沿	160.5	1.63	较差	0.39	极正偏	0.69	平坦

样点	断面名称	平均粒径/μm	分选系数（φ）	分选等级	偏度（S_k）	偏度等级	峰度（K_g）	峰度等级
L2	沽源县塞北管理区蒙古大营	96.3	0.74	中等	0.22	正偏	1.20	尖锐
L3	多伦县白城子东滩	151.4	1.13	较差	0.25	正偏	0.79	平坦
L4	多伦县红旗营房	204.8	0.44	好	−0.02	近对称	0.99	正态
L5	丰宁满族自治县外沟门	137.6	0.52	较好	−0.20	负偏	0.84	平坦
L6	丰宁满族自治县下平房	94.1	1.17	较差	0.44	极正偏	1.10	正态
L7	隆化县郭家屯镇	225.3	0.53	较好	−0.06	近对称	0.85	平坦
L8	滦平县张百湾	118.5	0.84	中等	0.52	极正偏	1.48	尖锐
L9	滦河镇大龙王庙村	58.8	0.83	中等	0.29	正偏	1.94	很尖锐
L10	承德市上板城镇小白河南	73.6	1.54	较差	0.35	极正偏	1.10	正态
L11	承德市苘子窝	80.6	1.59	较差	0.54	极正偏	1.28	尖锐
L12	迁西县大公家峪村	25.7	1.33	较差	0.52	极正偏	1.45	尖锐
L13	迁西县大黑汀村	409.9	0.90	中等	0.42	极正偏	2.13	很尖锐
L14	迁安市马兰庄镇	32.0	1.58	较差	0.57	极正偏	1.32	尖锐
L15	昌黎县王家楼村	268.1	0.82	中等	0.38	极正偏	1.70	很尖锐

以 L1 为 0 km 点，沿滦河干流向下计算各样点与 L1 的河流距离，以此为横坐标，并以各样点沉积物平均粒径为纵坐标作图，结果如图 4-8 所示。其中，将样点位置划分为上游、中游、下游三部分（虚线所示）；L1～L7 位于支流小滦河汇入处以上，属于上游；L8～L12 位于大黑汀水库以上，属于中游；L13～L15 位于大黑汀水库以下的滦河流域冀东沿海平原区，属于下游。中上游沉积物平均粒径值波动变化相对较小，整体呈细化趋势。而下游有较大波动，其中 L13 和 L15 两点平均粒径明显变大。20 世纪 70 年代，有学者提出了河床沉积物沿程细化的理论，然而河流由于受众多自然因素与人为因素的影响，这种细化规律可能会被阻断。滦河流域地貌变化与河流走向一致，由高原经山地过渡到平原，而流域地貌的变化是河床沉积物特征变化的一个自然影响因素，由此本研究探讨了样点沿河纵向地形变化趋势，主要分析了海拔高度与河流距离的关系（如图 4-9 所示）。通过线性回归（Pearson's R=−0.97，R^2=0.94），发现样点海拔沿河向下呈线性下降趋势，而平均粒径空间分布显示出不规则的波动（如图 4-9 所示），这说明了地形环境不是滦河沉积物粒径不规则变化的关键影响因素。

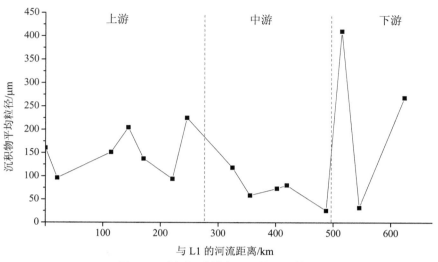

图 4-8　滦河干流样点沉积物平均粒径

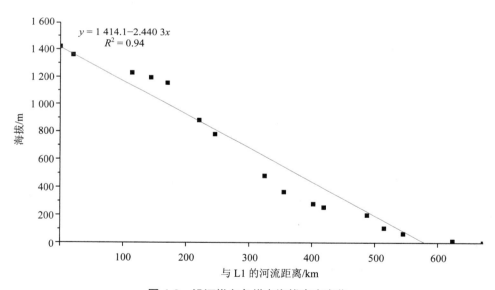

图 4-9　沿河纵向各样点海拔高度变化

　　将滦河中上游沉积物平均粒径变化数据单独研究，以便探讨其变化规律并分析成因，结果如图 4-10 所示。用 SPSS 软件进行回归分析，得到二项式曲线，曲线方程为 $y=132+0.351x-0.001\,21x^2$（$R^2=0.458$，$F=5.651$，$P=0.026$）。结果表明，上游河段（L1～L7）沉积物平均粒径有增大趋势，而中游河段（L8～L12）沉积物平均粒径逐渐变小。滦河上游闸坝众多，闪电河上有双山水库、灰窑子水库等中小型水库；水库闸坝上下游落差较大，导致下游河流水动力较强，冲刷能力增大，下游河道遭到侵蚀，同时水库坝上有大量泥沙淤积，下游河水含沙量变小，更容易带走沉积物中颗粒较小的部分，造成河道沉积物粗化（徐晓君等，2010）。可以初步判断水库是造成沉积物粒径波动的重要因素，而中游河段水利设施相对较少，河道受人为干扰较弱，河床沉积物平均粒径随海拔高度降低呈现较明显的细化规律。

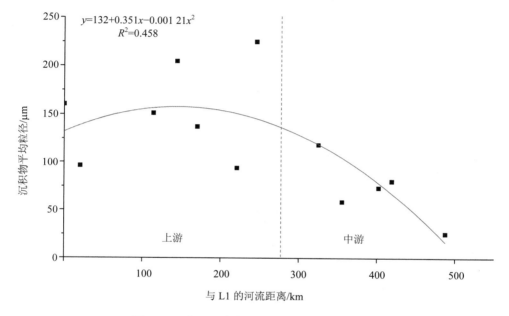

图 4-10　滦河干流中上游样点沉积物平均粒径

如图 4-11 所示，从 L1～L9，黏土的含量几乎为 0，在下游地区有缓慢增长的趋势，但是整体含量占比较小，最高点出现在 L14（仅为 5.49%），而粉砂和砂的含量占总体的比例近 95%。其中，砂的含量占比变化与平均粒径的变化趋势较为一致，上游地区砂的含量占优势，中游地区砂与粉砂含量占比相当，下游出现波动。其中，上游地区的 L4、L5、L7 等 3 个样点沉积物中砂的含量占比几乎达到 100%，这也说明了上游水库对沉积物组分的显著影响。

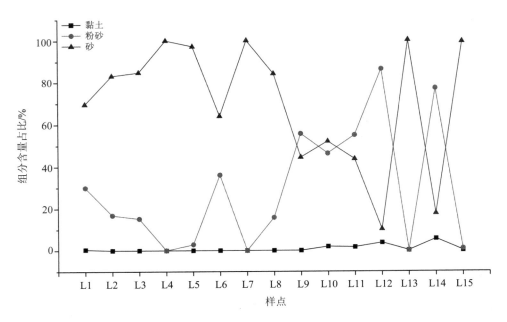

图 4-11　滦河干流样点沉积物组分含量占比变化

4.2.3　滦河支流表层沉积物粒度特征

滦河支流众多，其中一级支流有 33 条，二级支流、三级支流有 48 条。本研究选取其中 6 条较大一级支流作为研究对象，这 6 条支流从上游到下游依次是小滦河、伊逊河、武烈河、老牛河、柳河和青龙河，其具体粒度参数如表 4-4 所示。按照从滦河上游到下游的顺序，6 条支流沉积物平均粒径呈先减后增的趋势，其中下游的柳河和青龙河的沉积物平均粒径显著增大；滦河各支流整体分选性较差，下游青龙河分选性较好；整体呈极正偏、峰态尖锐，而滦河下游两条支流峰度较为平坦。各支流沉积物组分含量占比如图 4-12 所示。砂含量占比变化与平均粒径变化一致，最低点出现在武烈河（为 12.11%），最高点在青龙河（为 98.1%）；粉砂和黏土变化趋势与之相反，粉砂含量占比在武烈河达到最高（为 84.3%）；最低点在青龙河（只有 1.9%）；而黏土只在中游的伊逊河、武烈河和老牛河出现，含量占比顺次升高，最大值为 4.51%。滦河主要支流沉积物粒度先减后增的变化趋势与滦河干流沉积物的变化很相似，从滦河流域支流上水库分布来看，这种变化很可能与闸坝的干扰作用有关。

表 4-4　滦河主要支流沉积物粒度参数及等级划分

支流	编号	平均粒径/μm	分选系数（φ）	分选等级	偏度（S_k）	偏度等级	峰度（K_g）	峰度等级
小滦河	XL	60.7	0.99	中等	0.26	正偏	1.59	很尖锐
伊逊河	YX3	53.9	1.30	较差	0.40	极正偏	1.54	尖锐
武烈河	WL	30.7	1.26	较差	0.40	极正偏	1.18	尖锐
老牛河	LN	42.1	1.65	较差	0.57	极正偏	1.66	很尖锐
柳河	LH	138.3	1.71	较差	0.46	极正偏	0.73	平坦
青龙河	QL3	922.8	0.61	较好	0.22	正偏	0.77	平坦

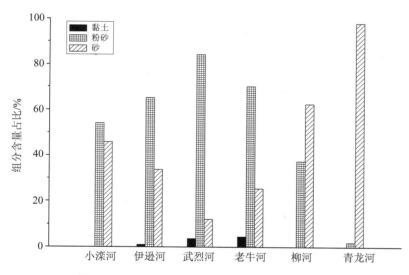

图 4-12　滦河主要支流沉积物组分含量占比变化

4.2.4　滦河水系大中型水库对沉积物粒度的影响研究

　　为证明滦河上游闪电河区段水库对沉积物粒径的粗化作用，同时探究滦河下游出现粒径波动的原因，本研究选取 4 个大型水库作为研究对象，这 4 个水库分别是滦河中游支流伊逊河上的庙宫水库，滦河干流上的潘家口水库和大黑汀水库，以及滦河下游支流青龙河上的桃林口水库；其中潘家口水库与大黑汀水库地理位置相对较近，而且在实际情况中联合调用，因此将其作为一个整体来考虑。本研究分别在水库的上下游采集沉积物样品，其平均粒径与组分含量占比变化结果如图 4-13 所示。庙宫水库、潘家口大黑汀水库及桃林口水库下游沉积物平均粒径较上游均有增长的趋势，其中潘家口大黑汀水库变化尤为显著。潘家口大黑汀水库上下游沉积物中黏土与粉砂的含量占比分别从 3.6%、86.2%降到 0，而砂的含量占比骤增至 100%；桃林口水库上下游沉积物中粉砂的含量占比由 52.6%降到 9.5%，砂的含量占比从 47.4%升至 90.5%；庙宫水库上下游沉积物中黏土的含量占比从 0 增至 1.9%，粉砂与砂的含量占比变化不大。

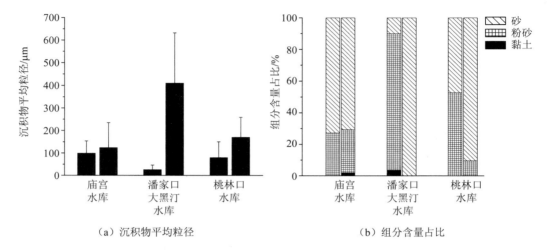

（a）沉积物平均粒径　　　　　　　　　（b）组分含量占比

图 4-13　滦河流域 3 个大型水库上下游沉积物平均粒径与组分含量占比对比

4 个大型水库的相关参数如表 4-5 所示（数据来源于《海河流域水利手册》），可以看出中下游 3 个水库规模均远大于上游的庙宫水库，水库规模与沉积物组分含量占比变化一致。可以证明，水库的存在是造成滦河流域河流沉积物平均粒径粗化的关键因素，这种作用在建有大型水库的滦河流域中下游地区尤为明显，水库的干扰作用也是导致滦河下游地区沉积物平均粒径大幅波动变化的主要原因。

表 4-5　滦河 4 个大型水库的参数

水库	集水面积/km²	最大库容/亿 m³	最大坝高/m	装机容量/kW
庙宫水库	2 370	1.83	44.2	1 500
潘家口水库	33 700	29.3	107.5	150 000
大黑汀水库	1 400	3.37	52.8	21 600
桃林口水库	5 060	8.59	74.5	20 000

4.3　滦河河流沉积物重金属分布特征

采集滦河 15 个点位的沉积物样品（不包含石质点位 L7 苏家店和砂质点位 L13 乌龙矶），对其中的 8 种重金属进行分析测定，这 8 种重金属包括铬（Cr）、镉（Cd）、铜（Cu）、砷（As）、锌（Zn）、铅（Pb）、汞（Hg）和镍（Ni）。各点位沉积物样品中重金属平均浓度及组分如图 4-14 所示。由结果可以看出，L16 王家楼村的重金属平均浓度最高，为 74.6 mg/kg，且铬含量占 48.8%。

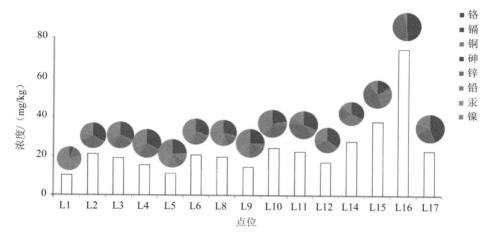

图 4-14　滦河 15 个点位沉积物样品中重金属平均浓度及组分

4.3.1　重金属不同形态分析

对各点位沉积物样品中重金属铬、镉、铜、砷、锌、铅、汞和镍进行形态分析，分析方法为优化 BCR 分步提取法，分析各重金属的 4 种形态：弱酸提取态（Ⅰ）、可还原态（Ⅱ）、可氧化态（Ⅲ）和残渣态（Ⅳ）。用电感耦合等离子体原子发射光谱（ICP-AES）分级测定沉积物样品中重金属形态含量（孟博等，2015）。

各重金属 4 种不同形态含量分布如图 4-15 所示。总体上看，各点位沉积物样品中不同重金属形态含量为残渣态（9.17 mg/kg）＞弱酸提取态（3.10 mg/kg）＞可还原态（2.19 mg/kg）＞可氧化态（1.78 mg/kg）。在沉积物表面，残渣态重金属很难参与水体系统的再平衡分配，生物有效性较差，因此非稳态重金属是外源重金属的主要转化形态（孟博等，2015）。

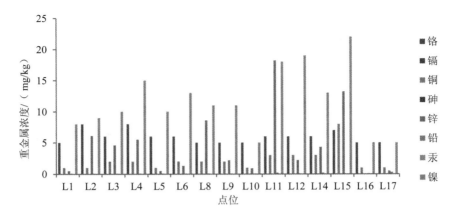

（a）弱酸提取态

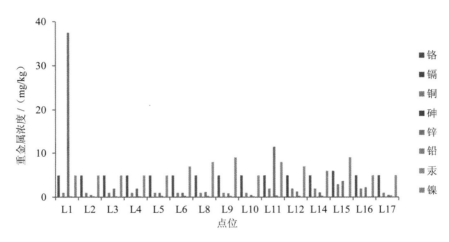

（b）可还原态

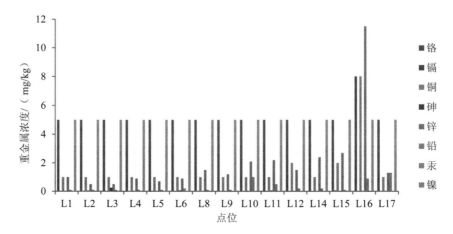

（c）可氧化态

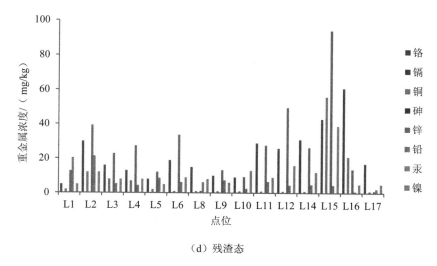

（d）残渣态

图 4-15　滦河 15 个点位沉积物样品中重金属不同形态含量分布

　　由于可氧化态主要为有机质结合态，可氧化态重金属与有机质和氧化物有较强结合能力，其生态风险高于其他非稳定态重金属。而 L16 王家楼村的可氧化态重金属含量较高，与生态风险分析中该点位综合污染指数 C_d 处于高污染等级结果相符。可以看出，L16 王家楼村点位可氧化态重金属含量较高可能造成其综合污染指数偏高。

4.3.2　重金属生态危害评价

　　在沉积物重金属生态危害评价方面，瑞典学者 Hakanson 于 1980 年提出的潜在生态危害指数（RI）法目前采用较多，该方法结合沉积物重金属背景值、生物毒性系数和污染系数，得到重金属单一生态危害指数 E_r^i 和综合生态危害指数 RI。本研究用该潜在生态危害指数分析滦河各点位沉积物重金属生态危害。单一生态危害指数 E_r^i 和综合生态危害指数 RI 的评价标准如表 4-6 所示，各重金属背景值与生物毒性系数如表 4-7 所示（王旭等，2017；苏虹程等，2015；郝红等，2012）。计算公式如下。

$$C_d = \sum (C_d^i / C_r^i) \tag{4-1}$$

$$E_r^i = T_r^i \times (C_d^i / C_r^i) \tag{4-2}$$

$$RI = \sum E_r^i \tag{4-3}$$

式中：C_d^i ——样品测定浓度；

　　　　C_r^i ——背景值；

　　　　C_d ——综合污染指数；

　　　　E_r^i ——重金属单一生态危害指数；

T_r^i —— 不同重金属的生物毒性系数；

RI —— 综合生态危害指数。

表 4-6　生态危害评价指数与等级划分

C_d	综合污染指数等级	E_r^i	单一生态危害指数等级	RI	综合生态危害指数等级
$C_d<5$	低	$E_r^i<40$	低	RI<150	低
$5{\leqslant}C_d<10$	中	$40{\leqslant}E_r^i<80$	中	$150{\leqslant}RI<300$	中
$10{\leqslant}C_d<20$	高	$80{\leqslant}E_r^i<160$	可接受	$300{\leqslant}RI<600$	高
$C_d{\geqslant}20$	极高	$160{\leqslant}E_r^i<320$	高	RI${\geqslant}600$	极高
		$E_r^i{\geqslant}320$	极高		

表 4-7　各重金属背景值与生物毒性系数

参数	铬	镉	铜	砷	锌	铅	汞	镍
C_r^i	68.3	0.094	21.8	15	78.4	21.5	0.25	30.8
T_r^i	2	30	5	10	1	5	40	5

根据式（4-1）、式（4-2）和式（4-3），求得滦河水系各点位综合污染指数（如图 4-16 所示），单一生态危害指数 E_r^i 和综合生态危害指数 RI 如图 4-17 所示。可以看出，滦河下游点位 L15 马兰庄镇重金属综合污染指数处于高污染等级，其余点位均处于中等及低污染水平。而各点位综合生态危害指数均处于低等级，其中 L15 马兰庄镇的综合生态危害指数最高。表 4-8 展示了滦河沉积物样品中重金属元素含量的历史统计（Bao et al., 2017）。

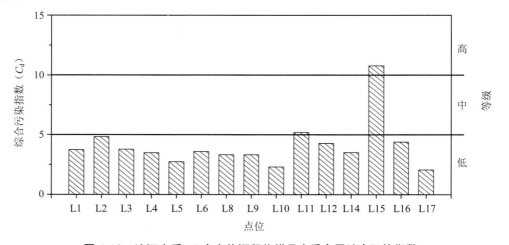

图 4-16　滦河水系 15 个点位沉积物样品中重金属综合污染指数

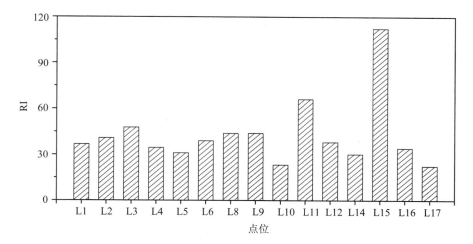

图 4-17 滦河水系 15 个点位沉积物样品中重金属单一生态危害指数和综合生态危害指数

表 4-8　滦河沉积物样品中重金属元素含量统计　　　　单位：mg/kg

项目	镍（Ni）	铬（Cr）	锌（Zn）	铜（Cu）	铅（Pb）	镉（Cd）	数据来源
最大值	75.30	79.00	113.90	69.00	20.70	0.23	本研究
最小值	20.00	20.00	3.50	4.00	2.30	0.04	
平均值	33.66	37.64	36.06	12.79	6.76	0.09	
标准偏差	14.21	16.25	28.15	17.72	4.39	0.05	
变异系数	0.42	0.43	0.78	1.39	0.65	0.60	
背景值	30.8	68.3	78.4	21.8	21.5	0.094	国家环境保护局等，1990
历史值（2008 年）	26.15	60.4	71	23	27	0.18	郝红等，2012
历史值（2010 年）	—	135.23	76.23	113.59	23.33	0.24	尚林源等，2012
历史值（2013 年）	29.03	104.53	84.67	34.47	34.92	0.31	苏虹程等，2015

第 5 章　滦河流域大中型闸坝水文生态效应

闸坝作为人类活动影响自然水文情势的最重要因素，能够强烈地改变下游流量，不仅改变洪峰流量和枯水流量的持续时间、频率，还会改变径流事件中水位上升和下降的自然率。闸坝的建设和运行还对河岸生态系统和物种造成了破坏，其对栖息地造成的影响受到了越来越多的关注。

闸坝对自然水文情势的改变会造成泥沙淤积，这种不利趋势能够潜在地改变下游河道的水文特征，并且对下游植被造成影响。闸坝用于控制洪水时，能够显著地降低暴雨洪峰流量，增加干旱时期的水量。闸坝造成的泥沙淤积以及暴雨流量的减少会引起下游河道出现壕沟，而这会造成下游河道变窄，减小河漫滩的面积，影响水生生物和漫滩植被。例如，历史水文情势的改变以及河道沉积物转移能力的变化会造成部分河段沉积物过多或过少。如果造成了沉积物过多，则这种过度淤积会造成河床升高、河岸变窄，以及河床沉积物细化；反之，如果造成了沉积物不足以及转移能力匮乏，则可能会导致河床退化、河岸加宽以及河床沉积物粗化（Nilsson et al.，2005）。这些变化影响了河流及岸带的生态环境，因此人们对封闭河流水体的管理和修复投入了越来越多的关注。闸坝通过改变河流水文情势来影响河流及岸带生态系统（如图 5-1 所示）。

图 5-1　水库对河流及岸带生态系统的影响示意

水库对河流及岸带生态系统的影响可分为三级：第一级影响主要指河流水文、水动力、水质的变化（You et al.，2015）。闸坝泄流具有削峰和枯水期调节作用，减弱河流水文情势的季节性变化，改变流量极值的发生时间、频率、大小、持续时间（如图 5-2 所示）。第二级影响主要是泥沙、地貌、浮游生物、附着的水生生物的变化。闸坝引起下游水位和流量降低，改变了泥沙沉积状态，减弱了河流纵向连通性、横向连通性和垂向连通性，造成河流及岸带生态系统的破坏。第三级影响主要是第一级影响、第二级影响的直接作用和间接作用对河流及岸带生物所造成的影响。主要指鱼类、鸟类和哺乳动物的变化，如水文、水动力和物理化学条件的变化能显著影响鱼类的洄游和鸟类的迁徙等。

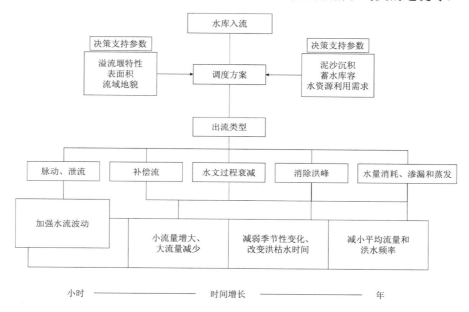

图 5-2　水库对河流水文情势的影响过程

目前，闸坝所引起的水文情势改变及河流水生态系统改变已经引起了广泛关注，闸坝的生态效应研究多集中于评价指标体系与方法的研究，实际应用较少（Petts et al.，2005）。本章首先针对闸坝的水文影响，利用河流影响因子（River Impact，RI）法和水文变化范围法（range of variability approach，RVA）评价了滦河流域闪电河水库、庙宫水库、潘家口水库、桃林口水库的水文效应，以及可能产生的生态影响。然后针对闸坝对漫滩植被的影响，选择其中 3 个水库，分析了水库对植被群落的影响（主要包括多样性指数）及水库对外来植物、本地植物的影响（杨涛等，2017）。定量化研究了闸坝对水文情势及漫滩植被群落的影响，并进一步确定了何种水文特征和植被特征受到了最大程度的影响，以上研究对面向漫滩栖息地恢复的流域管理有着重要意义。

5.1 研究区与研究方法

5.1.1 闸坝基本信息

20 世纪 50—80 年代，在滦河流域集中建设了十几个大中型水库，强烈改变了流域自然水文情势，进而影响了漫滩植被群落的分布格局。如何定量化这一影响成为迫切需要解决的问题。在海河流域九大水系中，滦河水资源相对丰富，物理完整性较好，但因其中上游大中型闸坝的修建和运行，对河流水文情势产生了影响，水资源供需矛盾突出。为研究闸坝对水文、环境、植被群落的影响，本研究选择滦河流域闪电河水库、庙宫水库、潘家口水库、桃林口水库等大中型水库作为研究对象。

利用 RI 法定量评估了各水库对水文情势的影响。为进一步揭示闸坝水文效应的生态学意义，运用 RVA 法，进一步评估了潘家口水库的水生态效应。并且为进一步确定水库对漫滩植被群落的影响，在闪电河水库、庙宫水库、潘家口水库进行了植被和环境要素的采样和统计分析。

5.1.2 样地设置与数据搜集

（1）水文数据来源

搜集滦河流域闪电河水库、庙宫水库、潘家口水库、桃林口水库 1950—2013 年长序列水文数据。各水库的基本信息和评估年限如下。

表 5-1　滦河流域大中型水库基本信息及评估年限

河流	水库	运行年	蓄水/亿 m³	控制面积/km²	建设目的	RI 评估年 建坝前	RI 评估年 建坝后	RVA 评估年 建坝前	RVA 评估年 建坝后
闪电河	闪电河水库	1963 年	0.43	890	灌溉、防洪	1950—1962 年	1970—1990 年	—	—
伊逊河	庙宫水库	1960 年	1.83	2 370	灌溉、防洪、发电	1950—1960 年	1970—1990 年	—	—
滦河	潘家口水库	1980 年	29.3	33 700	供水、防洪、发电	1952—1970 年	1983—2000 年	1952—1979 年	1980—2000 年
青龙河	桃林口水库	1992 年	8.59	5 060	灌溉、供水、防洪、发电	1960—1980 年	1996—2013 年	—	—

（2）植被数据采样

为研究滦河流域闸坝对漫滩植被群落结构的影响，选择水库上下游自然用地附近的漫滩区为研究区（尽可能剔除土地利用方式的影响），对研究区内植被群落的物种丰度、多度、覆盖度等指标进行了采样分析。由于桃林口水库下游受人为干扰较强，因此选取闪电河水库、庙宫水库、潘家口水库为研究对象。于2014年9—10月对闪电河水库、庙宫水库、潘家口水库上下游的漫滩植被群落进行了野外采样和调查。在各水库上下游各选择5个样地，共计30个样地。由于滦河漫滩区的植被多为草本植物，较少为灌木，因此在每个样点选择3个4 m² 样方，共计90个样方。每个样地和样方的位置由手持GPS确定。

分别记录了各样方中植被的物种名称、分盖度、高度，以及各物种的丰度。其中，物种丰度为每个样地和样方中物种的总个数。并对每个样方中植被的总盖度和平均高度进行了估计，对外来植物进行了标记。根据海河流域外来植物名录（如附表3所示）以及主要闸坝各点位植物名录，确定了各样点的本地植物、外来植物比例。

除此之外，记录和分析了若干环境因子：①毗邻的土地利用类型；②人为干扰的类型；③岸带宽度和底质类型；④河流水文指标（水深、河宽和流速）；⑤护坡类型（自然、混凝土、生态护坡）；⑥水库上下游各2 km处的沉积物重金属含量、TP、TN、TOC以及平均粒径；⑦各样地的经纬度、海拔等因子。除潘家口水库下游由于人为干扰强度过大，存在一定程度人为干扰和人工堤岸之外，其他样点毗邻的干扰类型和土地利用类型以自然为主。

5.1.3　分析方法

（1）水文影响评价方法——RI法

闸坝运行对河流水文情势的影响主要为：①流量大小；②流量极值的发生时间；③流量的年内变化。这些变化可以定量为相应的影响因子，包括流量影响因子（Magnitude Impact Factor，MIF）、时间影响因子（Timing Impact Factor，TIF）和年内流量变化影响因子（Variation Impact Factor，VIF）。闸坝的运行可能影响一个或几个以上因子，这往往取决于闸坝的类型和建设目的，如用于灌溉的水库的水量将在灌溉期减小。而发电和防洪通常会改变流量，并影响洪峰的发生时间。河流影响因子（RI）法综合考虑了以上3种主要影响（Haghighi et al.，2014），MIF作为控制因子，其影响等同于TIF和VIF的共同影响。以下为RI的计算公式：

$$RI = MIF \times (TIF + VIF) \tag{5-1}$$

流量影响因子（MIF）可以按照下式计算：

$$\mathrm{MIF} = \frac{\mathrm{AF}_{后}}{\mathrm{AF}_{前}} \qquad (5\text{-}2)$$

式中：$\mathrm{AF}_{后}$ —— 闸坝建设后的年泄流量；

$\mathrm{AF}_{前}$ —— 闸坝建设前的年径流量。

年内流量变化影响因子（VIF）显示了闸坝建设后自然水文情势受到规范化管理的程度。VIF 的计算基于河流水文情势指数（RRI）。该指数计算公式如下：

$$\mathrm{VIF} = 50 - 0.5 \times \frac{I_{\mathrm{RR}}}{100} \qquad (5\text{-}3)$$

$$I_{\mathrm{RR}} = \frac{\left| \mathrm{RRI}_{前} - \mathrm{RRI}_{后} \right|}{\mathrm{RRI}_{前}} \times 100 \qquad (5\text{-}4)$$

式中：$\mathrm{RRI}_{前}$ 和 $\mathrm{RRI}_{后}$ —— 建坝前后的 RRI 指数。

RRI 的计算公式如下：

$$\mathrm{RRI} = \sum_{k=1}^{12} \mathrm{MRRP}(k) \qquad (5\text{-}5)$$

式中：$\mathrm{MRRP}(k)$ —— 第 k 月河流水文情势因子。

时间影响因子（TIF）考虑了径流量极值发生时间的变化，其计算公式如下：

$$\mathrm{TIF} = \frac{50 - 0.274 \times \mathrm{TF}}{100} \qquad (5\text{-}6)$$

$$\mathrm{TF} = \frac{\left| \mathrm{DT}_{\max} \right| + \left| \mathrm{DT}_{\min} \right|}{2} \qquad (5\text{-}7)$$

式中：$\mathrm{DT}_{\max}$ —— 最大流量的时间改变量，d；

$\mathrm{DT}_{\min}$ —— 最小流量的时间改变量，d。

因此，TF 取值范围为 0～182.5。本研究因水文数据统计方法的限制，未选用原方法中的 $\mathrm{DT}_{\mathrm{median}}$ 参数。

滦河流域的闸坝建设多集中于 1950—1980 年，对河流径流量、流量改变率和发生时间产生了重要影响；其中，位于滦河干流下游的滦县水文站近年的径流量比 20 世纪 50 年代减少了 2/3 以上。本研究依据建坝前后长序列水文数据（各水库评估年限），利用 RI 法对滦河流域 4 个大中型水库的水文影响进行了定量化研究，并利用 RI 分级标准（如表 5-2 所示）确定了影响级别。

表 5-2　水文效应 RI 取值范围与分级标准

RI 取值范围	级别	影响级别
0≤RI<0.2	I	极严重影响
0.2≤RI<0.4	II	严重影响
0.4≤RI<0.6	III	中度影响
0.6≤RI<0.8	IV	轻度影响
0.8≤RI<1	V	轻微影响

（2）水生态效应分析方法——RVA 法

水文变化范围法（RVA）以天然的、与生态相关的流量特征的统计分析为基础，从水量、时间、频率、延时和变化率等 5 个方面对水文特征进行描述，通过对比不同时间的河流水文条件，反映闸坝的影响程度。一般用水文改变指标（IHA）来表示水文特征。RVA 法建立在分析 IHA 的基础上，以详细的流量数据评估水库影响前后的河流变化，以日流量数据为基础，以未受水利设施影响前的流量自然变化状态为基准，统计 32 个指标在建库前后的变化，分析河流受人类干扰后的改变程度。

水文改变指标（IHA）主要是以水文条件的量、时间、频率、延时和变化率 5 种基本特征为基础（月流量状况、极端水文现象的规模与历时、极端水文现象的出现时间、脉动流量的频率与历时、流量变化的出现频率与变化率）来描绘河流年内的流量变化特征，共 32 个指标（张洪波等，2008；张宗娇等，2016）。IHA 的各组参数与河流生态系统的相关关系如表 5-3 所示。

表 5-3　水文改变指标及参数的生态学意义

组别	内容	指标	指标的生态学意义
1	各月流量（12 个）	各月流量平均值	影响水生生物的栖息地、植物对土壤含水量的需求、动物迁徙需求以及水温、含氧量的影响
2	年极端流量（11 个）	年最小、最大 1 日、3 日、7 日、30 日、90 日流量平均值，基流指数	满足植被扩张、河流地貌和自然栖息地构建、河流和漫滩养分交换、滞洪区的植物群落分布的需要
3	年极端流量发生时间（2 个）	年最大（小）1 日流量发生时间	满足鱼类的洄游产卵、生命体的循环繁衍、生物繁殖期的栖息地条件、物种的进化需要
4	高流量频率、低流量频率及延时（4 个）	每年发生低流量次数、平均持续天数，每年发生高流量次数、平均持续天数	植被土壤湿度胁迫频率和大小、漫滩对水生生物的支持、泥沙运输、渠道结构、底层扰动等的需要
5	流量变化改变率及频率（3 个）	流量平均增加率，流量平均减少率，流量逆转次数	改变植物的干旱胁迫、河心岛、漫滩有机物的诱捕、其他生物体的干燥胁迫等

为量化 IHA 受水利工程影响的改变程度，Richter 等提出以水文改变度来评估，定义为 IHA 指标的水文改变度（D_i）（Rolls et al.，2014）：

$$D_i = \left| \frac{Y_{oi} - Y_f}{Y_f} \right|$$ （5-8）

$$Y_f = r \times Y_t$$ （5-9）

式中：Y_{oi} —— 干扰后仍落于 RVA 阈值内的年数；

Y_f —— 干扰后预期落于 RVA 阈值内的年数；

r —— 干扰前的各 IHA 落于 RVA 阈值内的年数；

Y_t —— 水库建设后所选数据的总年数。

本研究对闸坝运行前的 IHA 统计值排序，取各指标排序的 33%～67% 作为 RVA 阈值。即阈值内的年数为进行计算的闸坝运行前年数的 1/3；如果水库运行后 IHA 落在 RVA 阈值内的年数与水库建设前的年数相近，表示水库建设对原有的自然水文情势影响较小，反之则说明影响较大。依据各指标的生态学意义，可以进一步分析各指标改变对生态的影响。因此，若 D_i 值介于 0～33%，属于无改变或低度改变；在 33%～67%，属于中度改变；在 67%～100%，则属于高度改变。

以权重平均的方式来量化评估整体水文特性改变情况，表征整体水文改变度，以 D_o 来表示。

$$D_o = \left(\frac{1}{32} \sum_{i=1}^{32} D_i^2 \right)^{0.5}$$ （5-10）

（3）闸坝对植被的影响

通过 MATLAB2010 计算了植物群落的多样性指标，包括 Fisher's α 指数、Simpson 多样性指数、Pielou 均匀度指数和 Shannon-Wiener 多样性指数。然后，用 SPSS19.0 对多样性指标、本地植物丰度和盖度、外来植物丰度和盖度进行了方差分析（ANOVA），以检验闸坝上下游之间差异的显著性。最后，研究了闸坝的岸带土壤中重金属含量、TP、TN、TOC 以及平均粒径间的差异。

5.2　闸坝水生态效应评估体系的构建

闸坝水生态效应的评估方法主要分为 3 种。一是水文水生态方法，主要通过定量或半定量评估闸坝对各水文指标的影响以及确定水文指标与生态指标之间的定性关系，来评估闸坝的水生态影响。如 RVA 法需用到 5 大类 32 个不同指标的逐日数据。二是水文效应评估法，通过归一化方法和典型值评估体系定量分析闸坝对水文特征的影响级别。

如 RI 法需用逐月数据，通过水文情势的流量大小、极值流量的时间和年内变化评估闸坝的总体影响。三是生态模型法，以水文、生态数据为基础，利用统计模型或解析模型（常耦合水动力模型或水文特征的定量分析）分析建坝后大型无脊椎动物、鱼类、漫滩植被的丰度、多样性、种群参数等的改变。

　　本研究采用 RI 法、RVA 法和生态模型法评价了滦河流域大中型水库的水生态效应，这 3 种方法的优缺点对比如表 5-4 所示。

表 5-4　闸坝水生态效应评价方法比较及应用举例

评价方法	指标类型	优点	缺点	方法应用
RVA 法	IHA：各月流量，年极端流量，年极端流量发生时间，高流量频率、低流量频率及延时，流量变化改变率及频率（共计 32 个指标）	①可通过水文评价结果分析其生态影响，以进一步为河流管理提供科学依据；②可通过 IHA 软件方便快捷地计算各项指数	需长序列逐日数据，数据量大且通常不易获得	闸坝水文水生态效应（Watts et al.，2011；Richter et al.，1998）
RI 法	MIF：流量影响因子 TIF：时间影响因子 VIF：年内流量变化影响因子	①使用逐月数据，指标概化度高，故相对于逐日数据更易获得，适用于流域尺度；②利用 MIF 确定了流量的改变，而 MIF 不受气候变化的影响；③利用 VIF 确定了河流水文情势的年内变化	指标概化度高，难以直接与生态影响建立联系	闸坝水文效应（Haghighi et al.，2014；刘静玲等，2016）
生态模型法	利用统计模型或解析模型（常耦合水动力模型或水文特征的定量分析）分析大型无脊椎动物、鱼类、漫滩植被的丰度、多样性、种群参数等的改变	①建立了闸坝与生态因子的直接联系；②为定量化揭示闸坝对生态因子的影响提供了可能；③利用水动力耦合模型及计算机模拟，有利于评估模型的推广应用和服务管理	①模型校验及应用通常需大量长序列生态数据；②目前的研究多集中于对某一物种或种群的影响，缺乏对整个生态系统影响的评估	对上游河岸和水生植被的影响（Merritt and Nilsson et al.，2010）

　　基于以上 3 类方法，本研究建立了适用于流域闸坝管理的水生态效应评估体系（如图 5-3 所示）。闸坝通过改变自然水文特征来影响岸带及河流水生态系统，闸坝水生态效应评估应以流域尺度的水文效应评估为基础；在此基础上，在河段尺度选取重点闸坝，对其进行水生态效应评估。开展水生态效应评估时，可依据评估目的和数据类型，利用 RVA 法（IHA）进行定性评估，并且进一步采用统计学方法进行植被群落影响的分析。

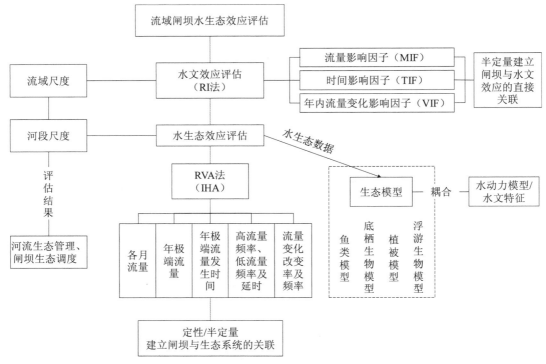

图 5-3　闸坝水生态效应评估体系

5.3　滦河流域大中型闸坝的水文生态效应

5.3.1　滦河流域大中型闸坝的水文影响

　　利用 RI 法对 4 个水库的水文影响进行了计算，RI 值的范围在 0.09～0.31 之间，表明滦河流域大中型水库对水文情势总体产生了严重至极严重的影响（如表 5-5 所示）。

表 5-5　滦河流域大中型水库水文影响评价结果

水库名称	水文站	MIF	VIF	TIF	RI	影响级别
闪电河水库	闪电河水库坝下	0.20	0.73	0.36	0.22	严重
庙宫水库	三道河子	0.27	0.62	0.51	0.31	严重
潘家口水库	潘家口	0.12	0.31	0.41	0.09	极严重
桃林口水库	桃林口	0.22	0.42	0.47	0.20	严重

　　评价结果表明，滦河流域大中型水库对水文情势总体产生了严重至极严重的影响。其中，潘家口水库的水文影响最大，影响级别为极严重。闪电河水库的总蓄水量仅为潘

家口水库的 1/68，但其影响程度接近潘家口水库的 1/2（RI 值为潘家口水库的 2.4 倍），说明小型水库的建设运行也可能对自然水文情势产生较大影响。

本研究选取国外 10 个水库的 RI 评价结果，与本研究中 4 个水库的结果进行了对比，结果如图 5-4 所示。可以看出，除埃及 Aswan 大坝外，国外 9 个水库总体处于中度影响。与世界其他大坝的比较表明滦河流域闸坝的水文影响处于较高水平。

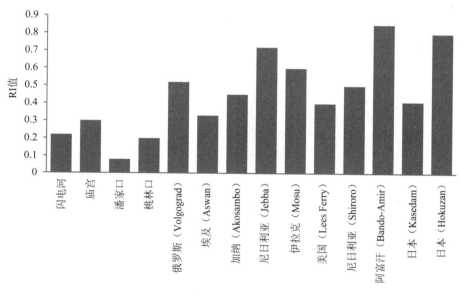

图 5-4　世界不同大坝 RI 值对比

5.3.2　潘家口水库现状调度的水生态效应

针对水文影响最大的潘家口水库，利用 RVA 法进一步研究了其水生态效应。为了反映滦河下游水文情势的演变规律，根据 1952—1979 年潘家口水库未投入运行前的日径流数据分析 IHA 中各指标的阈值，在此基础上分析潘家口水库现状调度方案下 1980—2000 年相应指标的变化，定量化研究潘家口水库建库后现状调度方式对滦河下游水文情势的影响（如表 5-6 所示）。

表 5-6　水文改变指标统计分析

指标序号	建坝前（1952—1979 年）		建坝后（1980—2000 年）		改变度/%	影响程度
	上限（33%）	下限（67%）	预期年数	实际年数		
1	42	31	9	0	100	高
2	44	29	9	1	89	高

指标序号	建坝前（1952—1979 年）		建坝后（1980—2000 年）		改变度/%	影响程度
	上限（33%）	下限（67%）	预期年数	实际年数		
3	57	35	9	0	100	高
4	63	52	9	0	100	高
5	46	32	9	0	100	高
6	54	41	9	0	100	高
7	228	96	9	3	67	高
8	470	260	9	0	100	高
9	223	119	9	0	100	高
10	124	78	9	2	78	高
11	91	61	9	0	100	高
12	48	35	9	0	100	高
13	16	12	9	0	100	高
14	20	14	9	1	100	高
15	16	12	9	0	100	高
16	20	14	9	1	89	高
17	28	23	9	0	100	高
18	44	35	9	0	100	高
19	2 923	749	9	2	78	高
20	1 821	682	9	0	100	高
21	1 129	400	9	1	89	高
22	539	254	9	0	100	高
23	0.18	0.09	9	0	100	高
24	190	152	9	0	100	高
25	226	211	9	8	11	低
26	6	4	9	4	56	中
27	13	7	9	5	44	中
28	6	3	9	14	56	高
29	12	3	9	9	0	低
30	4	3	9	2	78	高
31	4	3	9	0	100	高
32	109	82	9	4	56	中

利用 RVA 法计算闸坝造成的水文改变度及对各项水文特征的影响，分析对生态系统的综合影响程度，主要结果如下。

（1）水文改变度

计算得出水文改变度为 0.88，属高度改变，与 RI 法的评价结果一致。第 1～5 组水文改变指标（各月流量，年极端流量，年极端流量发生时间，高流量频率、低流量频率及延时，流量变化改变率及频率）的水文改变度依次为 0.90、0.92、0.51、0.21、0.64。

第1～2组水文改变指标（各月流量、年极端流量）发生了高度改变，改变度为0.91；第3～5组水文改变指标（年极端流量发生时间，高流量频率、低流量频率及延时，流量变化改变率及频率）总体发生中度改变，改变度为 0.45。水库运行强烈改变了各月流量和年极端流量。而对年极端流量发生时间，高流量频率、低流量频率及延时和流量变化改变率及频率改变的影响相对较小。

（2）水文指标改变的生态效应

第1组指标为各月流量（12个），其生态学意义为影响水生生物的栖息地、植物对土壤含水量的需求、动物迁徙需求以及水温、含氧量的影响；第2组指标为年极端流量（11个），其生态学意义为满足植被扩张、河流地貌和自然栖息地构建、河流和漫滩养分交换、滞洪区的植物群落分布的需要。水文效应的计算结果表明潘家口水库已经对鱼类洄游、动物迁徙、植物群落结构产生了影响，即对河流栖息地完整性产生了重要影响。

5.3.3　各闸坝上下游环境因子差异

闸坝上下游沉积物重金属含量、TOC、TN、TP、平均粒径等指标如表5-7所示。从表中可以看出，沉积物平均粒径随海拔的降低而减小，这是由水流的分选和冲刷作用造成的。闸坝下游的沉积物平均粒径普遍小于闸坝上游的沉积物平均粒径，这可能与闸坝对泥沙的淤积有关。

表 5-7　闸坝上下游沉积物重金属及营养盐含量

样点	含水率/%	Cu/(mg/kg)	Zn/(mg/kg)	Pb/(mg/kg)	Cd/(mg/kg)	Cr/(mg/kg)	Hg/(mg/kg)	As/(mg/kg)	平均粒径/mm	TN/(g/kg)	TP/(g/kg)	TOC/(g/kg)
闪电河水库上游	140	30	48.1	13.2	0.07	22	0.03	27.8	170.10	0.91	0.64	3.79
闪电河水库下游	80	24	17.7	7.7	0.02	18	0.023	19.4	130.20	0.38	0.32	3.22
庙宫水库上游	100	27	36.0	11.8	0.05	22	0.035	6.3	140.10	1.22	0.61	8.53
庙宫水库下游	50	21	21.7	10.4	0.02	15	0.017	4.8	100.00	0.68	0.46	7.12
潘家口水库上游	60	24	19.8	9.6	0.03	28	0.043	3.8	80.62	1.52	1.32	15.61
潘家口水库下游	160	133	244.0	49.2	0.53	66	0.409	9.3	25.72	2.33	1.81	32.37

对于重金属含量、TN、TP、TOC,闪电河水库下游、庙宫水库下游的含量明显低于水库上游。这可能与水库对污染物质和营养物质的截留作用有关。而对于潘家口水库,这些指标在水库下游高于水库上游。这可能与潘家口水库下游采样点毗邻人口聚居区,受到了较为强烈的人为干扰有关。

5.3.4 闸坝及其上下游河流岸带湿地植被群落差异

在闪电河水库、庙宫水库、潘家口水库上下游的 90 个采样点中,本研究共记录了 110 种植物,其中 35 种为外来植物,占比为 32%。

闪电河水库上游样点共有 33 种植物,其中 5 种为外来植物(15%);闪电河水库下游样点共有 32 种植物,其中 8 种为外来植物(25%);闪电河水库样点植物共计 40 种,其中外来植物 12 种(30%)。庙宫水库上游样点共有 36 种植物,其中 5 种为外来植物(14%);庙宫水库下游样点共有 34 种植物,其中 8 种为外来植物(24%);庙宫水库样点植物共计 40 种,其中外来植物 11 种(28%)。潘家口水库上游样点共有 38 种植物,其中 10 种为外来植物(26%);潘家口水库下游样点共有 35 种植物,其中 9 种为外来植物(26%);潘家口水库样点植物共计 57 种,其中 18 种为外来植物(32%)。

综上所述,水库上下游样点的植物群落丰度为 33～57 种,外来植物占比为 15%～32%,基本呈现从上游到下游外来植物占比逐渐增高的趋势。除潘家口水库外,其余两个水库上下游之间的外来植物比例差异明显。

对闸坝上下游的本地植物、外来植物的丰度和盖度进行了统计分析,结果如图 5-5 所示。闸坝上游和下游本地植物和外来植物的丰度和盖度均有变化。在闸坝下游,本地植物的丰度和盖度均有所减少,而外来植物的丰度和盖度有所增加。但是在闸坝下游,本地植物丰度和外来植物的盖度在不同样点间的差异变大了。这表明闸坝可能造成了下

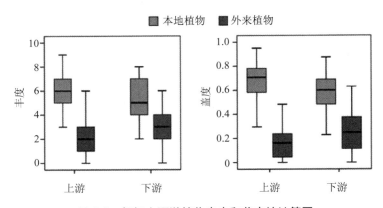

图 5-5　闸坝上下游植物丰度和盖度统计箱图

游植被斑块的破碎化，对局部的样方产生了较大影响。相对而言，闪电河水库、庙宫水库闸坝上下游的漫滩植被盖度差异较小。而潘家口水库下游植被盖度明显低于上游植被盖度。这可能与潘家口水库下游样点附近有居民聚居区有关。尽管样点靠近自然的区域，但是受人为活动范围的影响，样地受到的垂钓、放牧等人为干扰仍然较重，踩踏和牲畜啃食对植被的高度和盖度均产生了显著影响。

5.3.5　不同闸坝间漫滩植被群落差异

利用 ANOVA 分析了多样性指标、本地植物物种丰度和盖度、外来植物物种丰度和盖度及其在闸坝上下游之间差异的显著性（如表 5-8 所示）。多样性指标在样方之间的差异性不显著，而差异最为显著的属性是外来植物物种丰度（$P=0.003$）、本地植物物种盖度（$P=0.004$）和外来植物物种盖度（$P=0.026$）。这些结果表明闸坝与漫滩植被群落结构的差异关系密切，尤其是对外来植物物种丰度和盖度、本地植物物种盖度产生了影响。

表 5-8　3 个闸坝所有样方多样性指标差异性分析

指标	df	均方	F	P
Fisher's α 指数	1	1.054	2.599	0.111
Simpson 多样性指数	1	0.007	0.494	0.484
Pielou 均匀度指数	1	2.188	0.436	0.511
Shannon-Wiener 多样性指数	1	0.066	0.481	0.490
总丰度	1	0.900	0.171	0.681
本地植物物种丰度	1	11.378	3.639	0.060
外来植物物种丰度	1	18.678	9.252	0.003
总盖度	1	0.042	3.078	0.083
本地植物物种盖度	1	0.303	8.638	0.004
外来植物物种盖度	1	0.120	5.112	0.026

两两分析的结果显示潘家口水库下游样点的样本与其他样点的样本有一定的相关性；排除潘家口水库下游样点的采样数据，再进行 ANOVA 分析，结果显示以下差异显著：外来植物物种丰度（$P<0.001$）、本地植物物种盖度（$P<0.001$）、外来植物物种盖度（$P=0.001$）及总盖度（$P=0.001$）、Fisher's α 指数（$P=0.047$）。去除潘家口水库下游样点后，以上指标差异变得非常显著，表明闪电河水库、庙宫水库上下游和潘家口水库上游样点的以上采样数据和指标存在显著差异。

表 5-9　排除潘家口水库下游数据后的方差分析

指标	df	均方	F	P
Fisher's α 指数	5	0.906	2.360	0.047
Simpson 多样性指数	5	0.014	1.066	0.385
Pielou 均匀度指数	5	7.210	1.483	0.204
Shannon-Wiener 多样性指数	5	0.181	1.355	0.250
总丰度	5	7.167	1.403	0.232
本地植物物种丰度	5	5.911	1.933	0.097
外来植物物种丰度	5	11.904	7.310	0
总盖度	5	0.055	4.770	0.001
本地植物物种盖度	5	0.248	9.668	0
外来植物物种盖度	5	0.093	4.572	0.001

最后，对 3 个水库分别进行了 ANOVA 分析（结果如表 5-10 所示）。结果表明：闪电河水库、庙宫水库上下游间的外来植物物种丰度存在显著差异，而潘家口水库下游的总盖度显著减小。闪电河水库上下游间本地植物及外来植物盖度差异显著（$P=0.007$；$P=0.008$）；庙宫水库上下游间外来植物物种丰度存在显著差异（$P=0.012$）；潘家口水库上下游间的总盖度存在显著差异（$P=0.039$）。这表明，闪电河水库、潘家口水库主要影响了植物群落盖度，而庙宫水库主要影响了外来植物物种丰度。闸坝是外来植物入侵的一道屏障，研究发现大坝之上几乎所有样方都未受到外来植物的影响，而坝下则受影响较大，这可能是因为闸坝阻碍了外来植物向上游的繁殖。国外有研究发现在美国亚利桑那州和蒙大拿州，河流闸坝导致了 *Elaegnus angustifolia* 和 *Tamarix ramosissima* 等外来植物在闸坝下游的入侵，这可能是因为闸坝对水文情势的改变增加了外来植物被引入的概率（Meek et al., 2010）。结合分析结果，本研究认为闸坝改变水文条件以及随之带来的人为干扰强度、沉积物含量、营养盐含量的改变，可能在坝下外来植物入侵中起着关键的作用。坝下水流变缓，增加了附近的人们接触水体的机会，从而增加了闸坝下游漫滩区的人为干扰强度，同时闸坝对沉积物和营养盐的截留作用减少了闸坝下游漫滩区的沉积物和营养盐。以上两种结果都可能造成闸坝下游外来植物物种的增加，以及植被盖度的减少。

表 5-10　闪电河水库、庙宫水库和潘家口水库上下游数据方差分析

指标	闪电河水库			庙宫水库			潘家口水库		
	均方	F	P	均方	F	P	均方	F	P
Fisher's α 指数	0.044	0.122	0.730	0.915	2.377	0.134	0.375	0.929	0.343
Simpson 多样性指数	0.003	0.167	0.686	0.010	0.777	0.386	0	0.060	0.808

指标	闪电河水库			庙宫水库			潘家口水库		
	均方	F	P	均方	F	P	均方	F	P
Pielou 均匀度指数	0.927	0.202	0.656	8.768	1.981	0.170	1.854	0.333	0.569
Shannon-Wiener 多样性指数	0.036	0.225	0.639	0.197	1.484	0.233	0.036	0.337	0.566
总丰度	0.033	0.008	0.931	7.500	1.792	0.191	0.833	0.124	0.728
本地植物物种丰度	5.633	2.784	0.106	0.133	0.038	0.846	9.633	2.631	0.116
外来植物物种丰度	4.800	2.982	0.095	9.633	7.225	0.012	4.800	2.471	0.127
总盖度	0	0.006	0.937	0	.090	0.766	0.114	4.688	0.039
本地植物物种盖度	0.135	8.589	0.007	0.026	1.644	0.210	0.182	3.989	0.056
外来植物物种盖度	0.139	8.254	0.008	0.019	1.287	0.266	0.008	0.265	0.611

5.4 小结

本章揭示了滦河流域水库对漫滩植被群落的影响过程，建立了流域闸坝水文-环境-漫滩植被评估体系。基于闸坝水文、环境影响的分析，研究了闸坝对漫滩植被群落的影响。主要研究结论如下：

①RI 法结果显示，各水库对水文情势的影响程度为潘家口水库＞桃林口水库＞闪电河水库＞庙宫水库，水库的水文效应同时受其级别（库容）和河流原始径流量的影响，小型河流水库的水文生态效应不容忽视。RVA 法结果显示潘家口水库 IHA 总改变度为 0.88，可能强烈改变下游漫滩区植被群落结构。

②从对环境因子的影响来看，闪电河水库、庙宫水库下游沉积物重金属含量、TN、TP、TOC 低于上游，说明闸坝对污染物质和营养物质具有截留作用；3 个水库对沉积物平均粒径均有细化作用。以上环境因子通过为植物提供水分、营养或产生毒害作用，进而间接对漫滩植被群落产生影响。

③闪电河水库、庙宫水库上下游主要在外来植物物种丰度、外来植物物种盖度、本地植物物种盖度、总盖度、Fisher's α 多样性指数等指标上存在显著差异。潘家口水库上下游间不存在显著差异。各水库下游的本地植物物种盖度、外来植物物种盖度在不同样方间的差异变大，闪电河水库、潘家口水库主要影响了本地植物、外来植物的物种盖度，而庙宫水库主要影响了外来植物物种丰度，说明闸坝可能造成了下游植被斑块破碎化。

综上所述，滦河流域闸坝对水文要素、环境因子和漫滩植被群落的影响主要表现在：强烈改变自然水文情势；下游植被盖度降低，下游植物物种在不同样方间的差异性增加；下游重金属含量、TN、TP、TOC 减少和沉积物平均粒径减小。

第 6 章　滦河岸带湿地栖息地完整性评估

6.1　基于底栖动物的河流栖息地完整性指数构建

底栖动物群落能够较好地反映河流底部状况，底栖动物种类多、数量大，易于鉴定、耐受度广，且受人为干扰影响相对较小，是河流生物完整性的重要指示生物。在生物基本参数方面，常用到物种丰度和多样性等参数。但是，多种其他参数受到干扰梯度的影响，河流中底栖动物多样性和物种丰度受人为扰动改变的影响。寡毛类、双翅目等物种多分布在人为污染区域（Brand et al.，2015）。当前研究关注栖息地生态完整性的评价及其在河流物理栖息地管理中的应用。但是，当前研究较多关注鱼类或特定物种（如濒危物种、当地物种），需要在研究群落整体结构的基础上深入研究水文和生态的关系（Shi et al.，2017）。

6.1.1　河流栖息地完整性指数构建方法

目前，取用水、农业放牧和闸坝等人为干扰对河流栖息地造成严重影响。因此，需要根据不同的人为干扰程度，分析多时空尺度下环境要素和生态系统的响应关系。水生生态系统中，底栖动物广泛存在，能较好反映河道底部特征、河流水质及人为干扰强度，是河流栖息地的重要指示生物。

本研究建立基于底栖动物的河流栖息地完整性指数（benthic macroinvertebrate based-index of river habitat integrity，B-IRHI），研究水系和河段尺度不同季节河流栖息地完整性特征，分析环境因子对水生生物的影响。

基于底栖动物的河流栖息地完整性指数（B-IRHI）的构建流程如图 6-1 所示。选取表征底栖动物多样性与丰度（diversity and abundance，D/A）、耐污与敏感性（sensitivity and tolerance，S/T）及功能摄食类群（functional feeding groups，FFGs）的 31 个候选指标，通过分布范围分析、敏感性分析和冗余分析（Redundancy Analysis，RDA），筛选出能够显著区分参照点和受损点的核心指标，通过验证和标准化构建综合性指数（Shi et al.，2017；陈凯等，2017；曹艳霞，2010）。

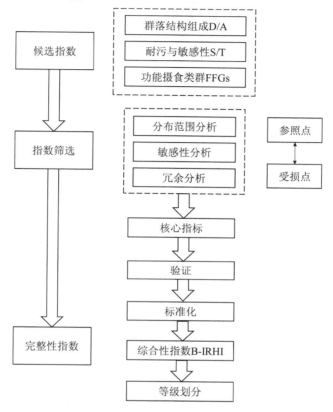

图 6-1　B-IRHI 构建流程

6.1.2　参照点和受损点选取

参照点表征未受到人为活动干扰的基准，是构建生物完整性指数的基础（渠晓东等，2012）。但是在海河等河流中，多数情况下要找到完全未受干扰的样点是难以实现的，并且缺乏历史资料。目前样点筛选尚无统一标准，本研究基于最小干扰状况和经验标准概念，运用标准化方法确定参照点和受损点（Chen et al.，2014；Huang et al.，2015）。

将水体水质、物理栖息地条件、土地利用和人为活动特征作为参照点的主要选取标准，确定参照点选取标准如下：无采矿活动、无岸带农业活动、城市化用地占比少于 5% 及散户住宅用地占比少于 6%（Wang et al.，2012；Huang et al.，2015）。基于 25 百分位数确定参照点水质阈值，得到参照点水质阈值为：氨氮质量浓度＜0.258 mg/L，电导率＜276 μS/cm，溶解氧＞9.5 mg/L。表 6-1 表明参照点和受损点的水质条件。

表 6-1　参照点和受损点的水质条件（平均值±标准偏差）

点位	pH 值	溶解氧/ （mg/L）	电导率/ （μS/cm）	氨氮质量浓度/ （mg/L）	氧化还原电位/ mV
参照点	6.80±0.45	12.6±2.07	285±59.22	0.16±0.07	150.60±9.38
受损点	7.42±0.52	9.42±1.56	395.92±164.09	0.25±0.45	111.17±28.92

6.1.3　候选指标

候选指标包含表征底栖动物群落组成、结构和功能的三方面指标：①群落结构组成指标，包含物种丰度和多样性；②耐污与敏感性指标，表征底栖动物对水质的耐受性和敏感性，包括敏感和耐污类群及耐污指数 BI（Biotic Index）；③功能摄食类群，包括收集者（collector-gatherers）、刮食者（scrapers）、滤食者（filterers）、捕食者（predators）和撕食者（shredders）（Huang et al.，2015；Pilière et al.，2014）。选取 31 个指标作为候选指标（如表 6-2 所示）。各底栖动物物种的耐污指数 BI 和功能摄食类群（FFGs）如附表 4 所示（段学花等，2012）。

表 6-2　基于底栖动物的河流栖息地完整性指数候选指标及其对人为干扰的响应

编号	指标	缩写	指标类型	干扰响应
M1	总分类单元数	Num，taxa	D/A	−
M2	寡毛类分类单元数	Num，Oligochaeta	D/A	−
M3	（甲壳纲+软体动物）分类单元数	Num，（Crustacea+Mollusca）	D/A	−
M4	蛭类分类单元数	Num，Hirudinea	D/A	−
M5	水生昆虫分类单元数	Num，Insecta	D/A	−
M6	EPT 昆虫分类单元数	Num，EPT	D/A	−
M7	蜉蝣目分类单元数	Num，Ephemeroptera	D/A	−
M8	双翅目分类单元数	Num，Diptera	D/A	−
M9	摇蚊科分类单元数	Num，Chironomidae	D/A	−
M10	Shannon-Wiener 多样性指数	Shan Wien	D/A	−
M11	Margalef 丰富度指数	Margalef	D/A	−
M12	Pielou 均匀度指数	Evenness	D/A	−
M13	Simpson 多样性指数	Simpson	D/A	−
M14	寡毛类占比	Oligochaeta%	D/A	+
M15	（甲壳类+软体动物）占比	（Crustacea+Mollusca）%	D/A	+
M16	蛭类占比	Hirudinea%	D/A	+
M17	EPT 昆虫占比	EPT%	D/A	−
M18	蜉蝣目占比	Ephemeroptera%	D/A	−

编号	指标	缩写	指标类型	干扰响应
M19	双翅目占比	Diptera%	D/A	+
M20	颤蚓科占比	Tubificidae%	D/A	+
M21	摇蚊科占比	Chironomidae%	D/A	+
M22	最优势类群占比	dominant taxon%	D/A	+
M23	前 3 位优势分类单元占比	the first three dominant taxon%	D/A	+
M24	敏感分类单元数	Num，Intolerant taxa	S/T	−
M25	耐污类群占比	Tolerant taxa%	S/T	+
M26	BI	BI	S/T	+
M27	滤食者占比	C-F%	FFGs	+
M28	刮食者占比	Scr%	FFGs	−
M29	收集者占比	C-G%	FFGs	+
M30	捕食者占比	Prd%	FFGs	−
M31	撕食者占比	Shr%	FFGs	−

注：指数类型中，D/A 为群落结构组成类，S/T 为耐污与敏感类性类，FFGs 为功能摄食类群；%表示百分比；干扰响应中，"+"表示参数数值随人为干扰增强而增加，"−"表示参数数值随人为干扰增强而减小。

其中，生物参数包含生物多样性指标和耐污性指标，计算公式如下（段学花等，2010；王备新，2003）。

$$H' = -\sum_{i=1}^{S} P_i \ln P_i \tag{6-1}$$

式中：H' —— Shannon-Wiener 多样性指数；

　　　S —— 物种丰度；

　　　P_i —— 第 i 种物种个体数占样本总个体数 N 的比例，即 $P_i = n_i / N$。

$$d_M = \frac{S-1}{\ln N} \tag{6-2}$$

式中：d_M —— Margalef 丰富度指数；

　　　S —— 物种丰度；

　　　N —— 样本总个体数。

$$J = \frac{H'}{H'_{max}} \tag{6-3}$$

式中：J —— Pielou 均匀度指数；

　　　H'_{max} —— 群落的最大 Shannon-Wiener 多样性指数，即物种数相同情况下完全均匀群落的生物多样性水平。

$$D = 1 - \sum P_i^2 \qquad (6\text{-}4)$$

式中：P_i—— 第 i 种物种个体数占样本总个体数 N 的比例。

$$\mathrm{BI} = \frac{\sum T_i n_i}{N} \qquad (6\text{-}5)$$

式中：BI —— 耐污指数；

　　　T_i —— 第 i 分类单元耐污值；

　　　n_i —— 第 i 分类单元个体数；耐污值≤3 的生物类群为敏感类群，耐污值≥7 的生物类群为耐污类群，滦河底栖动物耐污值如附表 4 所示。

6.1.4　指标筛选与校验

选取核心指标的步骤（Stoddard et al.，2008）如下：①分布范围分析，用于去除零值≥90%的指标；②敏感性分析，用于比较指标值，选取对参照点和受损点区分度大的指标，即有显著性差异的指标（$P<0.05$）（Chen et al.，2014）；③冗余分析，运用 Pearson 相关性分析去除相关性大（$R>0.70$）的指标。运用软件 SPSS20.0 进行敏感性分析和冗余分析。

通过候选指标分布范围分析，因零值大于 90%剔除 2 个指标（C-F%和 Shr%）。运用 ANOVA 分析（$P<0.05$），因参照点和受损点指标值的差异不显著，去除 22 个指标。对余下的 7 个指标进行冗余分析，结果表明 Oligochaeta%与 Tubificidae%相关（$R=0.98$，$P<0.01$），Ephemeroptera%与 EPT%相关（$R=0.90$，$P<0.01$），Tolerant taxa%与 BI 相关（$R=0.84$，$P<0.01$），从而去除 3 个指标，其他 4 个指标包含相关信息。4 个核心指标为 EPT%、Tubificidae%、BI 和 C-G%。

对 2015 年 4—5 月和 6—7 月数据进行校正，通过分布范围分析去除 Tubificidae%，剩余 3 个核心指标为 EPT%、BI 和 C-G%。对 3 个指标进行标准化和加和，得到总的 B-IRHI。表 6-3 展示了筛选出的 7 个指标的相关性结果，表 6-4 展示了核心指标的标准化公式。

表 6-3　待选的 7 个指标的 Pearson 相关性系数

指标	M14	M17	M18	M20	M25	M26	M29
M14	1.00						
M17	−0.31	1.00					
M18	−0.25	0.90**	1.00				
M20	0.98**	−0.30	−0.23	1.00			
M25	0.71**	−0.32	−0.30	0.68**	1.00		

指标	M14	M17	M18	M20	M25	M26	M29
M26	0.74**	−0.50*	−0.52*	0.74**	0.84**	1.00	
M29	0.57*	−0.45	−0.33	0.56*	0.48	0.45	1.00

注：* $P<0.05$；** $P<0.01$。

表6-4 核心指标标准化公式

指标	缩写	公式
M17	EPT%	M17/0.7
M26	BI	（9.2−M26）／（9.2−3.7）
M29	C-G%	（1.0−M29）／（1.0−0.1）

6.1.5 核心指标

基于底栖动物的河流栖息地完整性指数反映底栖动物群落的结构功能特征。特定指标的选取以化学营养物、物理栖息地条件和河流底部条件为基础。本研究待选指标包含群落结构组成类指标（科/属丰富度及个体占类群百分比）、耐污与敏感性类指标（耐污类群占比、敏感类群占比及耐污指数）和功能摄食类群指标（功能摄食类群占比）。对2014年10月的采样结果进行分布范围分析、敏感性分析和冗余分析后，得到4个核心指标EPT%、Tubificidae%、BI和C-G%；运用2015年5月和7月数据进行验证后，排除指标Tubificidae%，最终核心指标由EPT%、BI和C-G%等3个指标组成。3个核心指标分别属于D/A类、S/T类和FFGs类，分别标准化并加和后得到综合指数B-IRHI。

$$B\text{-}IRHI = \frac{EPT\% + BI + C\text{-}G\%}{3} \tag{6-6}$$

式中：EPT% —— 蜉蝣目、襀翅目和毛翅目个体数之和的占比；

BI —— 物种耐污性的综合指数；

C-G% —— 收集者个体数的占比。

基于底栖动物的河流栖息地完整性指数的相关研究中，在太湖的研究选取的核心指标为总分类单元数（the total number of taxa）、ETO占比（percentage of Ephemeroptera，Trichoptera and Odonata，ETO%）、Berger-Parker's指数（BP）、耐污指数（BI）及滤食者占比（percentage of filterers-collectors，FC%）（Huang et al.，2015）。在漓江的研究选取的核心指标包括毛翅目数量（number of Trichoptera taxa）、蜉蝣目数量（number of Ephemeroptera）、襀翅目数量（number of Plecoptera taxa）、水生昆虫数量（number of aquatic insect taxa）及EPT%（Chen et al.，2014）。可见，核心指标多包含群落结构组成、耐污与敏感性和功能摄食类群等指标类型，根据不同河流特征筛选出的核心指标

有所不同，EPT%和 BI 在基于底栖动物的河流栖息地完整性指数研究中常被筛选为核心指标。

6.2 滦河岸带湿地栖息地完整性时空变化

6.2.1 空间变化与分级

滦河 17 个点位 B-IRHI 的均值为 0.41，变化范围为 0.12～0.79。对年内 B-IRHI 均值进行等级划分，属于"优"（0.8～1.0）的点位数为 0，属于"良"（0.6～0.8）的点位占 17.6%，属于"中"（0.4～0.6）的点位占 23.5%，属于"差"（0.2～0.4）的点位占 41.2%，属于"极差"（0～0.2）的点位占 17.6%。各点位 B-IRHI 的等级划分如图 6-2 所示。表 6-5 为各点位 B-IRHI 及其核心指标的等级划分结果。

可以看出，虽然部分点位在夏季或秋季处于"优"，但三季节平均 B-IRHI 值处于"极差"到"良"。其中，中游 L6 外沟门、L7 苏家店、L8 郭家屯点位总体属于"良"，上游 L2 闪电河及 L3 白城子和下游 L16 王家楼村处于"极差"。与底栖动物物种数量和生物量采样分析结果相比，L16 物种数量较少，而 L2 虽然底栖动物密度和生物量很大，但底栖动物以耐污种为主，因此总的栖息地完整性指数结果仍处于"极差"。

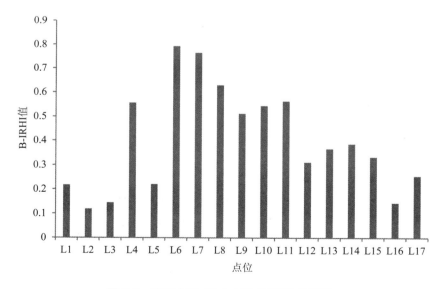

图 6-2 滦河水系 17 个点位 B-IRHI 的等级

表 6-5　各点位 B-IRHI 及其核心指标等级

点位	EPT%	BI	C-G%	B-IRHI
L1	极差	差	优	差
L2	极差	良	优	极差
L3	极差	优	良	极差
L4	极差	中	极差	中
L5	极差	中	良	差
L6	良	差	极差	良
L7	优	极差	中	良
L8	中	极差	中	良
L9	中	差	良	中
L10	良	差	良	中
L11	中	极差	中	中
L12	差	中	优	差
L13	极差	差	良	差
L14	极差	中	差	差
L15	极差	差	良	差
L16	极差	良	优	极差
L17	极差	中	良	差
平均	差	中	良	中

6.2.2　季节性变化

　　滦河 B-IRHI 的时空分布和各点位各季节所属 B-IRHI 的等级分别如图 6-3 和图 6-4 所示。从图中可以看出，总体上，B-IRHI 季节性变化为夏季＞春季＞秋季。L6 和 L7 等中游点位的 B-IRHI 等级较好：L7 在夏秋季均处于"优"；L6 在各季节的 B-IRHI 均属于"良"及以上。上游 L2 和下游 L16 及 L17 等点位均处于"差"以下。

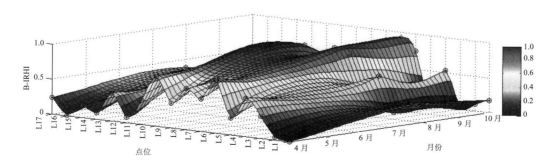

图 6-3　滦河 B-IRHI 时空分布曲面图

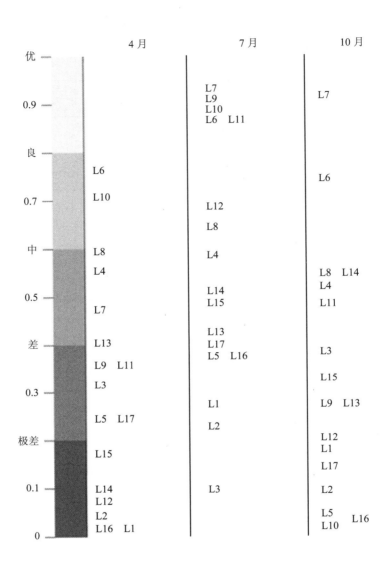

图 6-4 滦河 B-IRHI 季节性等级划分

6.2.3 上中下游季节性变化

滦河上中下游 B-IRHI 差异较大，并存在明显的季节性特征（如图 6-5 所示）。总体而言，滦河 B-IRHI 纵向排序为中游（0.56）>下游（0.28）>上游（0.26）。中游河段为夏季（0.79）>春季（0.46）>秋季（0.43）；下游河段为夏季（0.44）>秋季（0.27）>春季（0.13）；上游河段为夏季（0.31）>春季（0.28）>秋季（0.18）。表 6-6 展示了滦河上中下游各季节 B-IRHI 及其核心指标的均值与分布范围。

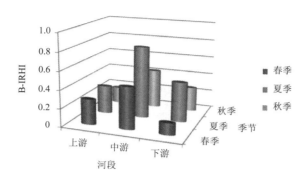

图 6-5　滦河上中下游 B-IRHI 季节性分布

表 6-6　滦河上中下游各季节 B-IRHI 及其核心指标

季节	完整性参数	上游	中游	下游
春季	EPT%	0.06（0～0.22）	0.39（0～1.00）	0.01（0～0.03）
	BI	7.22（6.34～8.14）	4.36（2.99～7.59）	7.53（6.28～8.79）
	C-G%	0.47（0～1.00）	0.76（0～1.00）	0.84（0.58～0.97）
	B-IRHI	0.28（0.04～0.55）	0.46（0.08～0.76）	0.13（0.01～0.24）
夏季	EPT%	0.01（0～0.07）	0.69（0.20～0.97）	0（0～0.02）
	BI	9.07（5.44～19.43）	4.83（2.87～6.04）	5.65（4.38～6.98）
	C-G%	0.70（0.07～1.00）	0.22（0～0.91）	0.53（0.26～0.75）
	B-IRHI	0.31（0.09～0.59）	0.79（0.42～0.93）	0.44（0.37～0.50）
秋季	EPT%	0	0.30（0～0.68）	0.03（0～0.11）
	BI	7.34（5.62～8.52）	6.48（3.74～9.21）	6.35（3.19～8.68）
	C-G%	0.79（0.12～1.00）	0.65（0.25～0.99）	0.73（0.13～1.00）
	B-IRHI	0.18（0.04～0.53）	0.43（0.02～0.92）	0.27（0.06～0.56）
平均	EPT%	0.02（0～0.22）	0.46（0～1.00）	0.01（0～0.11）
	BI	7.88（5.44～19.43）	5.22（2.87～9.21）	6.51（3.19～8.79）
	C-G%	0.66（0～1.00）	0.54（0～1.00）	0.70（0.13～1.00）
	B-IRHI	0.26（0.04～0.59）	0.56（0.02～0.93）	0.28（0.01～0.56）

6.3　水文环境对滦河栖息地完整性的复合效应

6.3.1　水系水文因子和水质因子对栖息地完整性的贡献率差异分析

　　分别对 17 个点位的环境因子与 B-IRHI 及其生物指标进行蒙特卡罗（Monte Carlo，MC）检验，其中生物指标包括群落结构组成类指标（D/A）、耐污与敏感性类指标（S/T）、功能摄食类群指标（FFGs）及综合指标 B-IRHI。雷达图（如图 6-6 所示）表明，春季的总溶解性固体（TDS）、盐度（Sal）和电导率（Conductivity）对 B-IRHI 贡献率较高（50.8%～

58.9%）。具体而言，水宽河宽比（Bw/Bf）、电导率（Conductivity）和总溶解性固体（TDS）对 D/A 指标贡献率较高（24.5%～27.9%）；雷诺数（Re）、流速（v）和弗劳德数（Fr）对 S/T 指标贡献率较高（39.6%～59.1%）；水宽河宽比（Bw/Bf）对 FFGs 指标贡献率较高（43.5%）。夏季的溶解氧（DO）和浊度（NTU）对 B-IRHI 贡献率较高（38.4%～49.9%）。浊度（NTU）、雷诺数（Re）和流速（v）对 FFGs 指标贡献率较高（31.7%～43.3%）。表 6-7 展示了水文因子和水质因子对 B-IRHI 及各生物指标的贡献率。

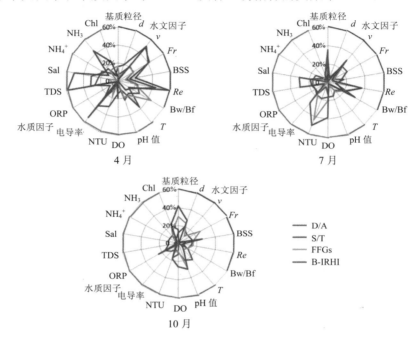

注：图中英文简写如表 6-7 所示。

图 6-6　滦河 17 个点位各季节水文因子和水质因子对生物指标的贡献率雷达图

表 6-7　滦河 17 个点位水文因子和水质因子对 B-IRHI 及其生物指标的蒙特卡罗检验贡献率

单位：%

	指标	D/A	S/T	FFGs	B-IRHI
春季	水文因子（Hydro）				
	基质粒径（Substrate）	7.3	15.9	16.4	4.8
	水深（d）	9.5	18.9	4.9	1.4
	流速（v）	21.2	50.1**	19.6	48.5
	弗劳德数（Fr）	19.6	39.6*	20.8	41.6
	河底剪切力（BSS）	9.9	20.2	8.1	13.5
	雷诺数（Re）	22.3	59.1**	19.5	43.9

	指标	D/A	S/T	FFGs	B-IRHI
春季	水宽河宽比（Bw/Bf）	27.9	14.1	43.5*	16.4
	水质因子（Physi）				
	温度（T）	18.2	38.1*	21.1	13.0
	pH 值	22.5	10.8	18.8	0
	溶解氧（DO）	3.6	14.2	1.3	18.8
	浊度（NTU）	8.2	30.2*	18.0	3.6
	电导率（Conductivity）	24.5*	35.7*	8.2	52.9**
	氧化还原电位（ORP）	10.4	0.8	7.3	1.5
	总溶解性固体（TDS）	26.9*	32.0*	7.3	58.9**
	盐度（Sal）	22.6	31.2*	10.0	50.8**
	NH_4^+	21.3	18.5	2.2	12.2
	NH_3	10.3	17.6	14.0	43.8
	叶绿素（Chl）	6.2	7.3	15.4	22.8
夏季	水文因子（Hydro）				
	基质粒径（Substrate）	15.2	27.2	14.3	35.2
	水深（d）	5.7	5.4	1.5	1.2
	流速（v）	22.9	10.3	31.7*	30.6
	弗劳德数（Fr）	23.5	6.6	8.6	5.0
	河底剪切力（BSS）	14.2	17.4	5.0	6.9
	雷诺数（Re）	10.0	8.6	36.6*	36.6
	水宽河宽比（Bw/Bf）	19.3	33.3	18.9	20.3
	水质因子（Physi）				
	温度（T）	11.2	3.0	13.6	3.1
	pH 值	16.2	1.7	4.0	2.0
	溶解氧（DO）	16.1	12.8	20.1	38.4*
	浊度（NTU）	18.8	5.4	43.3**	49.9*
	电导率（Conductivity）	17.9	15.5	16.4	29.3
	氧化还原电位（ORP）	15.3	15.1	0.5	4.1
	总溶解性固体（TDS）	16.5	17.9	15.5	29.9
	盐度（Sal）	16.2	18.8	15.8	30.6
	NH_4^+	14.7	8.2	5.7	0.8
	NH_3	6.1	3.0	5.9	1.4
	叶绿素（Chl）	2.7	5.8	6.9	8.8
秋季	水文因子（Hydro）				
	基质粒径（Substrate）	11.2	15.2	30.1	41.9
	水深（d）	19.3	1.0	24.0	27.7
	流速（v）	13.3	1.8	10.0	1.4
	弗劳德数（Fr）	13.5	0.8	26.6	2.8

指标		D/A	S/T	FFGs	B-IRHI
	河底剪切力（BSS）	15.9	7.6	16.6	25.9
	雷诺数（Re）	13.8	5.6	15.6	4.5
	水宽河宽比（Bw/Bf）	11.5	10.2	11.6	4.2
	水质因子（Physi）				
	温度（T）	23.5	0.5	9.0	8.2
	pH 值	19.9	0.5	27.7	30.0
	溶解氧（DO）	10.2	12.6	8.8	25.5
秋季	浊度（NTU）	7.7	17.0	10.7	18.4
	电导率（Conductivity）	11.6	3.8	1.3	2.5
	氧化还原电位（ORP）	16.2	0.1	20.2	24.2
	总溶解性固体（TDS）	10.3	4.0	0.4	1.3
	盐度（Sal）	10.6	3.7	0.4	1.1
	NH_4^+	10.2	2.2	3.2	2.8
	NH_3	10.2	8.5	8.6	2.6
	叶绿素（Chl）	6.0	20.7	15.7	22.6

注：**表示 $P<0.01$，*表示 $0.01<P<0.05$。

　　运用 CANOCO4.5 进行冗余分析，得到三季节水文因子和水质因子对底栖动物群落的复合贡献率韦恩图（如图 6-7 所示），用复合贡献率表示水文因子和水质因子对底栖动物群落的复合效应（如图 6-8 所示）。

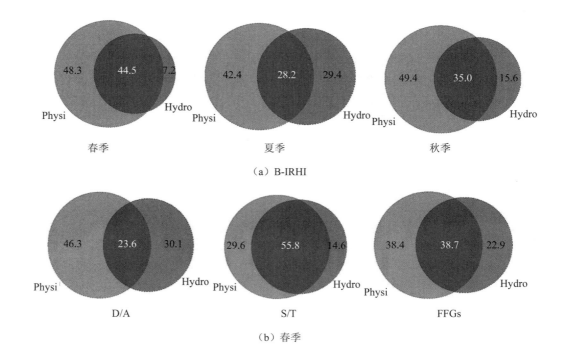

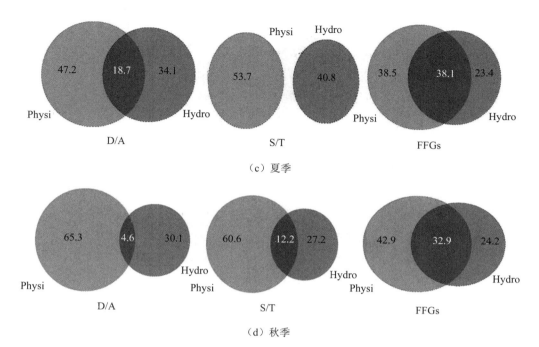

（c）夏季

（d）秋季

注："Hydro"表示水文因子贡献率；"Physi"表示水质因子贡献率；D/A 表示群落结构组成类指标；S/T 表示耐污与敏感性类指标；FFGs 表示功能摄食类群指标。

图 6-7　水文因子和水质因子复合贡献率韦恩图

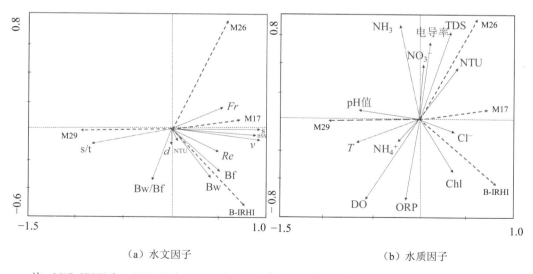

（a）水文因子　　　　　　　　　（b）水质因子

注：M17（EPT%）、M26（BI）、M29（C-G%）为 B-IRHI 核心指标。

图 6-8　水文因子和水质因子对 B-IRHI 及其生物指标的冗余分析

如图 6-7 所示，水文因子和水质因子复合贡献率结果表明，各季节水质因子对 B-IRHI 的贡献率总体上高于水文因子且复合贡献率占较大比重（28.2%～44.5%），复合贡献率的季节性变化为春季＞秋季＞夏季。分季节对各生物指标进行冗余分析，结果表明：水文因子和水质因子对 B-IRHI 的复合贡献率在春季最大（44.5%），而在夏季最小（28.2%）。其中，水文因子和水质因子对耐污与敏感性类指标在各季节的复合贡献率变化的影响最大，春季最高，夏季最低（为 0），可反映水文因子和水质因子的分别影响。

得出水文因子和水质因子的复合贡献率后，分析各季节复合贡献率与 B-IRHI 的关系，结果如图 6-9 所示。可以看出，春季水文因子和水质因子复合贡献率与 B-IRHI 呈线性关系，复合贡献率随 B-IRHI 升高而增大。而夏季及秋季水文因子和水质因子受水文条件变化的影响较大，其复合贡献率变化较大。

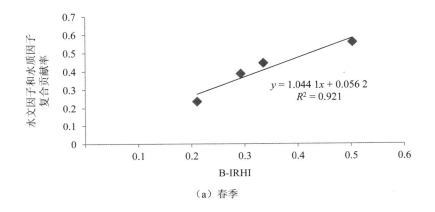

（a）春季

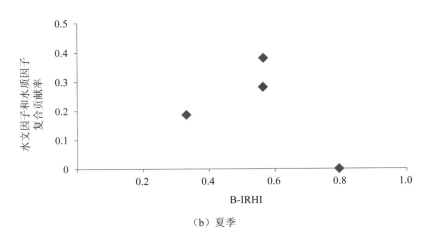

（b）夏季

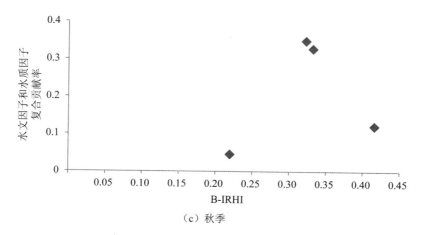

（c）秋季

图 6-9　各季节水文因子和水质因子复合贡献率与 B-IRHI 的关系

6.3.2　不同基质类型河段贡献率分析

用 L3、L7 和 L13 的 B-IRHI 结果表征不同基质类型河段栖息地完整性特征，在 3 个河段上各设置 8 个样点进行分析。各河段 B-IRHI 箱线图及其生物指标组成结构如图 6-10 所示，可以看出，总体上各河段 B-IRHI 为 L7（0.57±0.28）>L13（0.42±0.14）>L3（0.30±0.17）。对组成 B-IRHI 的核心指标（D/A、S/T 和 FFGs）进行分析，可看出 L7 的三核心指标比重均等，而 L3 和 L13 的 S/T 指标所占比重较高。

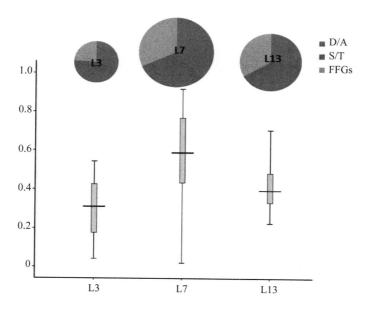

图 6-10　各河段 B-IRHI 箱线图及其生物指标组成结构

对 3 种基质类型河段上水文因子和水质因子对 B-IRHI 的贡献率进行分析。水文因子和水质因子的贡献率雷达图如图 6-11 所示。

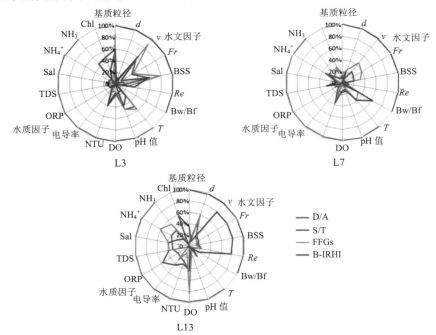

注：图中英文简写如表 6-7 所示。

图 6-11　各基质类型河段水文因子和水质因子对生物指标的贡献率雷达图

（1）石质型河段

对石质型河段（L7），对 B-IRHI 贡献率最高的因子为 Bw/Bf（贡献率为 61.8%）；对 M29 贡献率较高的因子为浊度（NTU）、温度（T）、流速（v）和弗劳德数（Fr），贡献率在 54.3%～65.4%（如表 6-8 所示）。

表 6-8　石质型河段（L7）水文因子和水质因子对 B-IRHI 及其生物指标的贡献率　　　单位：%

指标	D/A	S/T	FFGs	M17	M26	M29	B-IRHI
水文因子（Hydro）							
基质粒径（Substrate）	7.7	0.9	14.9	12.2	6.6	2.6	13.1
水深（d）	21.5	11.7	23	17.4	8.5	31.0	6.6
流速（v）	3.6	1.1	45.1	34.6	4.2	58.6*	25.6
弗劳德数（Fr）	6.1	1.9	39.3	34.3	3.7	54.3*	22.7
河底剪切力（BSS）	5.1	1.1	32.1	30.7	2.1	43.3	20.9
雷诺数（Re）	11.6	5.6	1.3	0	1.0	0.1	0.6
水宽河宽比（Bw/Bf）	4.1	30.6	31.8	31.6	25.8	53.2	61.8*

指标	D/A	S/T	FFGs	M17	M26	M29	B-IRHI
水质因子（Physi）							
温度（T）	6.9	5.2	38.4	20.3	4.8	63.4*	38.7
pH 值	15.2	2.3	6.9	11.4	11.1	7.8	12.6
溶解氧（DO）	16.1	3.6	2.9	4.8	15.0	5.1	13.4
浊度（NTU）	15.9	0.1	37.6	32.9	0.6	65.4*	36.1
电导率（Conductivity）	3.6	6.7	3.5	6.9	3.6	6.4	11.1
氧化还原电位（ORP）	14.5	1.3	8.4	1.3	1.2	13.6	2.7
总溶解性固体（TDS）	5.6	15.5	19.2	6.9	17.9	33.1	28.1
盐度（Sal）	9.9	4.0	3.4	7.8	30.6	0.7	9.3
NH_4^+	33.7	0.8	20.7	25.3	5.7	33.4	26.4
NH_3	11.8	0.1	18.2	6.8	0	29.7	11.7
叶绿素（Chl）	8.9	0.5	30.3	2.8	0.3	21.1	7.7

注：* 表示在 0.05 水平具有显著性；** 表示在 0.01 水平具有显著性。

（2）泥质型河段

对泥质型河段（L3），对 B-IRHI 贡献率较高的因子为流速（v）、基质粒径（Substrate）和河底剪切力（BSS）（贡献率在 57.4%～60.9%）。对 D/A 指标和 FFGs 指标贡献率较高的因子均为河底剪切力（BSS）、基质粒径（Substrate）、流速（v）和温度（T），贡献率分别为 51.2%～58.8% 和 56.9%～87.9%（如表 6-9 所示）。

表 6-9 泥质型河段（L3）水文因子和水质因子对 B-IRHI 及其生物指标的贡献率 单位：%

指标	D/A	S/T	FFGs	M17	M26	M29	B-IRHI
水文因子（Hydro）							
基质粒径（Substrate）	57.8*	12.8	84.7*	58.5	34.9	82.2*	60.0*
水深（d）	5.1	10.0	0.4	3.6	0.1	0.4	2.9
流速（v）	55.4*	9.7	87.9*	49.5	26.9	86.1**	60.9*
弗劳德数（Fr）	32.7	3.0	35.1	17.4	20.2	31.9	11.6
河底剪切力（BSS）	58.8*	14.9	78.0*	61.3	35.1	74.1	57.4*
雷诺数（Re）	11.3	15.5	21.7	26.5	6.0	22.3	32.9
水宽河宽比（Bw/Bf）	3.4	1.8	5.3	1.3	14.9	5.0	0.2
水质因子（Physi）							
温度（T）	51.2*	14.7	56.9*	46.6	39.7	50.4*	27.8
pH 值	47.0	15.6	46.8	45.6	18.0	40.8	40.8
溶解氧（DO）	15.7	20.2	12.3	21.6	61.9*	11.5	0.1
浊度（NTU）	34.8	39.6	14.7	50.4*	46.6	9.1	6.7
电导率（Conductivity）	8.8	8.9	0.9	2.7	30.2	0.9	3.7
氧化还原电位（ORP）	4.5	11.6	4.3	0.4	26.2	4.9	9.8
总溶解性固体（TDS）	10.9	12.7	10.2	10.7	54.4**	10.8	0.3
盐度（Sal）	11.8	15.9	9.1	13.9	55.4*	9.2	0.2

指标	D/A	S/T	FFGs	M17	M26	M29	B-IRHI
NH_4^+	12.2	2.0	6.9	3.2	9.3	7.1	1.1
NH_3	8.8	9.1	3.6	8.2	12.5	3.7	44.4
叶绿素（Chl）	25.0	26.8	9.2	40.3	0	5.5	48.8

注：* 表示在 0.05 水平具有显著性；** 表示在 0.01 水平具有显著性。

（3）混合型河段

对混合型河段（L13），对 B-IRHI 贡献率较高的因子为河底剪切力（BSS）、弗劳德数（Fr）、流速（v）、雷诺数（Re）和叶绿素（Chl）（贡献率在 57.4%～81.6%）。对 D/A 指标贡献率最高的因子为溶解氧（DO）（贡献率为 43%）；对 S/T 指标贡献率较高的因子为氧化还原电位（ORP）和水深（d）（贡献率在 50.2%～56.2%）；对 FFGs 指标贡献率较高的因子为溶解氧（DO）、水深（d）和 NH_3（贡献率在 51.0%～84.5%）（如表 6-10 所示）。

表 6-10　混合型河段（L13）水文因子和水质因子对 B-IRHI 及其生物指标的贡献率　　单位：%

指标	D/A	S/T	FFGs	M17	M26	M29	B-IRHI
水文因子（Hydro）							
基质粒径（Substrate）	6.8	2.7	1.7	20.0	20.1	0.5	34.7
水深（d）	46.0	50.2*	60.1*	32.3	47.6	61.3*	10.3
流速（v）	22.0	18.6	19.4	89.2**	48.7*	14.8	78.5**
弗劳德数（Fr）	20.0	16.8	16.1	87.4**	45.7	11.6	80.4**
河底剪切力（BSS）	17.0	13.9	12.4	83.4**	42.5	8.3	81.6**
雷诺数（Re）	22.8	19.7	20.6	90.0**	50.1	16.0	78.4**
水宽河宽比（Bw/Bf）	2.9	6.8	4.8	27.6	11.1	4.5	19.7
水质因子（Physi）							
温度（T）	9.5	22.8	1.1	0.2	4.7	0.2	1.1
pH 值	8.1	0.8	12.1	8.8	7.8	12.1	1.1
溶解氧（DO）	43.1*	40.5	84.5**	19.8	59.9*	93.8**	1.7
浊度（NTU）	28.1	32.6	11.8	1.5	1.5	14.9	0.9
电导率（Conductivity）	24.5	42.3	30.6	1.7	18.1	32.4	0
氧化还原电位（ORP）	23.8	56.2*	2.4	4.4	1.5	0.9	3.9
总溶解性固体（TDS）	30.5	37.5	37.8	4.3	20.1	41.5	0
盐度（Sal）	31.6	38.9	38.9	5.4	21.3	42.4	0.1
NH_4^+	37.8	24.0	61.7	9.2	29.1	69*	0.2
NH_3	36.7	16.5	51.0*	7.2	19.3	59.3*	0.7
叶绿素（Chl）	8.8	4.6	8.8	59.2*	32.0	7.5	57.4*

注：* 表示在 0.05 水平具有显著性；** 表示在 0.01 水平具有显著性。

6.3.3 多因子对 B-IRHI 的复合效应

根据数学交集计算公式［式（6-7）］，计算各季节水文因子、水质因子和沉积物重金属含量对 B-IRHI 及其组分的复合贡献率。结果如表 6-11 所示，其中 $A \cap B \cap C$ 表示三因子复合贡献率占比。多因子复合贡献率可根据式（6-8）进行计算。

$$A \cap B \cap C = A \cap B + B \cap C + A \cap C + A \cup B \cup C - A - B - C \qquad (6-7)$$

$$A \cap B \cap C \cap \cdots \cap X - 1 \cap X = A \cap B + B \cap C + \cdots X - 1 \cap X + A \cup B \cup C \cup \cdots \cup X - A - B - C \cdots - X \qquad (6-8)$$

表 6-11　多因子复合贡献率占比

单位：%

因子		B-IRHI	D/A	S/T	FFGs
春季	A	68.2	56.1	78.0	68.3
	B	99.6	87.9	92.0	94.9
	C	79.0	66.9	85.7	53.6
	$A \cap B$	67.8	44.0	70.0	63.2
	$B \cap C$	78.6	54.8	77.7	48.5
	$C \cap A$	47.2	23.0	63.7	21.9
	$A \cap B \cap C$	46.8	10.9	55.7	16.8
夏季	A	57.0	64.5	63.9	72.6
	B	94.6	84.2	83.7	88.4
	C	63.3	54.1	49.2	49.6
	$A \cap B$	51.6	48.7	47.6	61.0
	$B \cap C$	57.9	38.3	32.9	38.0
	$C \cap A$	20.3	18.6	13.1	22.2
	$A \cap B \cap C$	14.9	2.8	0	10.6
秋季	A	44.1	55.3	63.5	68.5
	B	82.2	88.4	91.1	82.5
	C	57.0	51.9	48.9	52.0
	$A \cap B$	26.3	43.7	54.6	51.0
	$B \cap C$	39.2	40.3	40.0	34.5
	$C \cap A$	1.1	7.2	12.4	20.5
	$A \cap B \cap C$	0	0	3.5	3.0

注：A 为水文因子，B 为水质因子，C 为沉积物重金属含量。

根据水文因子、水质因子和沉积物重金属含量复合贡献率计算结果，分析多因子复合贡献率与 B-IRHI 及其组分的关系。各季节两者关系如图 6-12 所示。可以看出，春季多因子复合贡献率随 B-IRHI 增加而增大，夏季和秋季均出现多因子复合贡献率为 0 的情况，可见多因子复合贡献率受水动力条件影响较大。总体而言，对比本章多因子复合贡献率结果和二因子复合贡献率结果可知，春季多因子复合贡献率对 B-IRHI 响应较敏感，随 B-IRHI 增加而增大，夏季和秋季多因子复合贡献率受水动力条件影响会出现零值，且多因子复合贡献率复杂性增加。

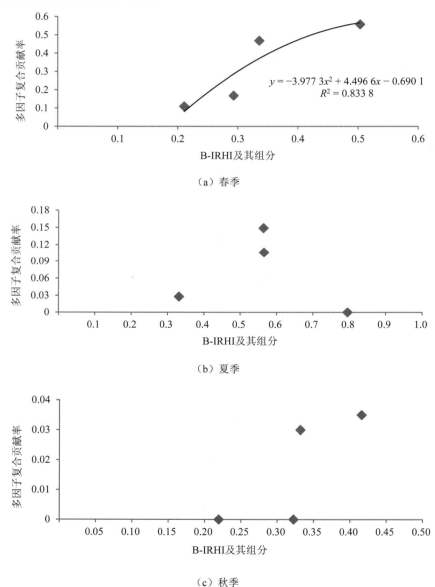

（a）春季

（b）夏季

（c）秋季

图 6-12　各季节多因子复合贡献率与 B-IRHI 及其组分的关系

6.4　小结

本章考虑水文因子、水质因子和水生生态系统之间的关系，综合对河流栖息地完整性的认识，建立河流栖息地完整性理论框架模型。底栖动物群落能够较好反映河道底部状况，因而以底栖动物为例，建立基于底栖动物的河流栖息地完整性指数（B-IRHI）。以2014 年 10—11 月从滦河水系上游到下游的 17 个代表性点位的调查采样数据为基础，运用 2015 年 5 月和 7 月样品分析结果进行验证，解析滦河岸带湿地栖息地完整性时空变化特征，探究水文环境对滦河栖息地完整性的复合效应。主要研究结论为：

①依据水文、水质和土地利用方式确定参照点，以反映底栖动物群落组成结构、耐污与敏感性和功能摄食类群的 31 个指标作为候选指标，通过分布范围分析、敏感性分析和冗余分析，建立包含 3 个核心指标（EPT%、BI 和 C-G%）的 B-IRHI。对计算得到的各点位 B-IRHI 进行等级划分，属于"优"（0.8～1.0）的点位数为 0，属于"良"（0.6～0.8）的点位占 17.6%，属于"中"（0.4～0.6）的点位占 23.5%，属于"差"（0.2～0.4）的点位占 41.2%，属于"极差"（0～0.2）的点位占 17.6%。

②解析滦河 B-IRHI 的时空变化特征，其季节性变化为夏季＞春季＞秋季；空间上的变化为中游（0.56）＞下游（0.28）＞上游（0.26），总体上滦河水系秋季底栖动物生物量较高，而夏季河流栖息地完整性相对较高。其中，栖息地完整性较高的点位主要位于中游河段，生物量较大的底栖动物主要为腹足纲。下游河段栖息地完整性季节变化最大，春季栖息地完整性最低、最低点位为 L16 王家楼村。

③水质因子对 B-IRHI 的贡献率总体上高于水文因子，但是两者的复合效应不容忽视。其中，对 B-IRHI 的复合贡献率在春季最大（44.5%），而在夏季最小（28.2%）。水文因子和水质因子对耐污与敏感性类指标在夏季的复合贡献率为 0，能够较好区分各因子对底栖动物的影响。

④春季多因子复合贡献率随 B-IRHI 增加而增大，响应较敏感，夏季和秋季均出现复合贡献率为 0 的情况，可见复合贡献率受水动力条件影响较大，且多因子复合贡献率复杂性增加。

第 7 章 水文环境复合作用下植物和底栖动物群落模型模拟和预测

7.1 STEM 模型构建

目前对漫滩植被群落分布的研究大多关注其空间分布，有些研究即便采用了随机过程的建模方法，但其结果只描述了群落演替过程达到或处于稳恒状态时的空间分布特点。不同于大多数研究将整个种群或者群落作为研究对象，为了分析群落分布格局的动态性，本研究以植被年龄为切入点，试图通过考察同龄种群的演替过程来建立一个解析模型。

7.1.1 模型开发

同龄的植被种群的演替一般会经历从发芽、定植到成熟、老化和死亡的循序渐进的过程。具有明显季节性的物种的发芽和定植通常只发生在特定的季节。在这样的季节，只要具备合适的环境条件，便会有新的植物个体陆续发芽、定植，其间也定会有个体因恶劣条件而死亡，这一过程通常比较短暂。但种群的规模受环境因子影响，呈现一定的随机性变化。当适宜新个体产生和定植的季节过后，顺利经过幼苗定植阶段而存活的个体开始逐渐成熟，在直至衰老死亡的漫长过程中，它们也可能会因为偶然的外界因素扰动而过早死亡（Baird et al.，2005；Lite and Bagstad et al.，2005；Lite and Stromberg et al.，2005；Naumburg et al.，2005；Magurran，2010；Merritt and Scott et al.，2010；Zimmerman et al.，2010）。

因此根据同龄种群规模演替的特点，本研究将其生命过程描述为两个演替相：种群形成相（population forming phase，PFP）和种群衰退相（population decaying phase，PDP）。逻辑斯谛方程（logistic equation，LE）是描述种群在资源限制模式下的确定性动态模型。在 STEM 模型（Spatial-temporal Species Model）中，本研究采用逻辑斯谛方程的基本形式对种群形成相进行建模。不同于确定性模型，STEM 模型中种群的增长率（growth rate，r_1）不是根据样本估计得出的确定值，而是受环境因子影响的随机值。这样种群增长的动态过程对环境因子的依赖关系可以统一地通过增长率 r_1 联系起来，环境因子的随机性扰动通过某种模型（函数）转换成增长率的随机性波动，最终动态地影响种群规模。

同龄种群度过种群形成相后，因为不再有幼苗产生而进入种群衰退相。种群衰退相可以用指数衰减模型描述；与增长率 r_1 类似，其衰减率 r_2 也会受环境因子影响而成为随机值。但是在种群衰退相，衰减率除受到环境因子的随机扰动外，还是年龄（时间）的函数，因为植物在各个生命阶段对生长环境变化的耐受度不同。这就是 STEM 模型的核心思想。模型用两个相继的随机过程描述群落规模变化规律不同的两个阶段，环境因子的随机扰动通过群落增长率和衰退率对群落规模产生影响。在实际应用中，为了列出具有明确生态学意义的微分方程，首先需要确定影响植被动态格局的主要环境因子和该环境因子与植被生长速率及衰退速率的函数关系。

7.1.2 模型基本假设

STEM 模型的出发点是通过描述同龄种群的动态过程来分析植被群落结构和分布格局，因此应用模型需要满足几个基本假设。首先，研究区的每个物种种群规模远未达到饱和状态，即同龄种群多未达环境容量，因此植被的代际影响可以忽略。其次，STEM 模型忽略了植被对环境因子的反馈作用，因为通常植被群落对环境产生影响所需的时间尺度远大于群落本身产生变化的时间尺度。最后，STEM 模型目前是基于物种的。为了获得意义明确的解析解，它忽略了种间竞争，因此只适合于种间竞争不强的植被群落。

7.1.2.1 植被动态的数学描述

如图 7-1 所示，河流漫滩的水文情势是植被动态演替的主要驱动力，漫滩植被动态与河流漫滩水文情势的变化以及随机波动紧密耦合。植被群落的洪水淹没水位或者浅层潜水位的波动是植被生长的主要影响因素，漫滩植被群落的动态变化率（生长速率和衰退速率）均为地表水位或浅层潜水位的函数。因为漫滩水位与河流水文情势的耦合性，设河流的水位为 h，漫滩浅层潜水位为 ζ，显然 ζ 为河流水位 h 和横断面坐标 x 的函数，即 $\zeta = \zeta(h,x)$。当区域处于洪水淹没中时，ζ 代表该处的地上水位；当洪水退去、地表露出时，ζ 代表浅层潜水位。根据植物的生理特征，漫滩植被的动态变化率与 ζ 的关系是一个具有最大值的单峰模型。

假设植物生长最适合的浅层潜水位为 η，偏差（$h' = \eta - \zeta$）的值过大（>0）或者过小（<0）都会造成种群的低生长速率和高衰退速率。特别地，当 h' 超出耐受限度时，处于种群形成相的种群规模也将会减少。

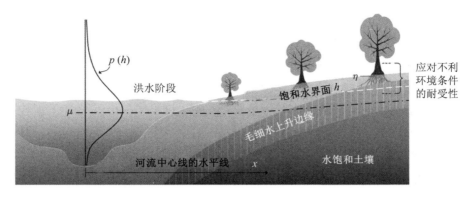

$p(h)$——河流水位概率分布；η——浅层潜水位；h——河流水位；μ——河流常水位。

图 7-1　漫滩横断面示意

设 n_1 和 n_2 均代表物种的归一化丰度，其最大值是 1，代表环境容量，则种群形成相和种群衰退相可以分别以下列两个公式描述：

$$\frac{\mathrm{d}n_1}{\mathrm{d}t} = r_1 \cdot n_1(1-n_1) \qquad (7\text{-}1)$$

$$\frac{\mathrm{d}n_2}{\mathrm{d}t} = r_2 \cdot n_2 \qquad (7\text{-}2)$$

r_1、r_2 与 ζ 或 h' 的单峰模型必定非常复杂，在本研究中将 r_1、r_2 理想化为 h' 的二次函数：

$$r_1 = \lambda - a_\mathrm{f} \cdot h'^2 \qquad (7\text{-}3)$$

$$r_2 = -a_\mathrm{d} \cdot h'^2 \qquad (7\text{-}4)$$

式中：a_f 和 a_d —— 敏感系数；

λ —— 最大生长速率（intrinsic rate of population increase）。

可影响敏感系数 a_f 和 a_d 的环境因子如表 7-1 所示。

表 7-1　可影响敏感系数 a_f 和 a_d 的环境因子

类别	影响因子	直接影响	间接影响	是否忽略
水文	流速		*	
	剪切力	*		
	水质	*		
形态	沉积物		*	*
	土壤结构		*	
	渗漏	*		
	河岸斜坡		*	

类别	影响因子	直接影响	间接影响	是否忽略
植被	植被密度		*	
	年龄结构		*	
	植被相互作用			*
自然环境	气候	*		
	气温	*		
	光照	*		
其他	人为因子			*

对于种群形成相，敏感系数 a_f 是一个种群参数。因为种群形成相的时间尺度很小，因此在 STEM 模型中，a_f 是一个常数，其值可以根据采样数据标定。对于种群衰退相，敏感系数 a_d 需要考虑植被年龄因素，可以用下式表示：

$$a_d(t) = A + \frac{B}{t} + Ce^{Dt} \tag{7-5}$$

式中：A —— 保证 a_d 与 a_f 连续性所需的常数；

$\frac{B}{t}$ —— 植物对浅层潜水位波动的敏感性随着年龄减退；

Ce^{Dt} —— 植物随年龄增长而敏感性迅速增加。

参数 B、C、D 耦合了植物生命阶段的几个特征量：生长速率、鼎盛期年龄（生长至衰老的年龄拐点）和敏感度，平均寿命和生命终末期敏感度。植物的生长过程难以精确地解析描述，a_d 的选取具有一定的主观性，也可以根据不同物种的生长特征，采取其他函数形式。

7.1.2.2 浅层潜水位波动的概率描述

为了从 STEM 模型中得到 n_1 和 n_2 的概率分布，首先需要知道模型驱动因子——偏差 h' 的概率分布 $p(h')$。通常得到 $p(h')$ 的方法是假设河流的径流量 Q 符合对数正态（lognormal）分布，便可以根据谢才公式（Chezy's formula）推导河流水位的概率分布 $p(h)$，即 $p(h) = p(Q)\frac{dQ}{dh}$，然后再根据 $h' = \eta - \zeta(h, x)$ 推导 $p(h')$。但是这样的推导需要一些前提条件才能够有意义：①河流水文情势的波动过程是平稳的；②河道特征参数曼宁（Manning）摩擦系数假定为常数；③河道断面是规则几何图形。即便有了这样的假设，仍然难以求解 $p(h')$ 的闭式表达式。何况上述 3 个假设对滦河流域绝大多数河道均太过理想化。Camporeale 等（2006）虽然经过推导，但是最终还是采用了单参数的伽马（Gamma）

分布 $\left[\varphi(h)=\dfrac{1}{\Gamma(\lambda)}\lambda^{\lambda}(1+h)^{\lambda-1}\,\mathrm{e}^{-\lambda(1+h)}\right]$ 近似为 h 和 h' 的概率分布。在本研究中，不直接推导河流水位 h 的概率密度函数，而是基于两个原因假设 h' 服从正态分布：第一个原因是岸带水文物理过程的变化机制的复杂性以及众多机制之间的独立性；第二个原因是流域中河道、水库及岸带对河流流量的作用可以与电路中的电容类比，水平面就可以类比为电压噪声，而电压噪声已经被证明符合正态分布。本研究利用滦河流域 3 个水文站（三道河子水文站、潘家口水文站和滦县水文站）所记录的水文数据，进行了正态分布的拟合优度检验。检验结果表明，利用两个参数［均值（μ_h）和方差（σ^2）］比单一参数能够更好地对河流水位的概率分布进行拟合。正态分布也是在均值和方差约束下具有最大信息熵的分布。

$p(h')$ 描述了 h' 的时域特征。描述一个随机过程时，其频域特征也是必不可少的。因此，还需要考察 h' 的自相关函数 $R_{h'}(\tau)$。$R_{h'}(\tau)$ 描述河流水文情势在两个时刻之间的相关性，对 $R_{h'}(\tau)$ 进行解析描述时需要考虑水文情势变化与植被群落演替的时间尺度之间的相对关系，以便于实际情况的理论简化。

水文情势发生明显变化的时间尺度通常为 1～100 天，种群形成相的植物群落演替时间通常是从数天到数月，而种群衰退相则通常为数年至数十年。如果水文情势改变明显快于植被群落演替，水文情势改变的相关时间可以忽略，即相关时间 $\tau_{h'}=0$，h' 可以建模为高斯白噪声过程。当水文情势改变比植物群落演替慢时，水文情势改变的相关时间就不能忽略。这时 h' 应当建模为 Ornstein-Uhlenbeck 过程（OU 过程）。

OU 过程的解析表达式为：

$$h'=\mu_{h'}+\sigma_{h'}\mathrm{e}^{-\alpha t}B\left(\mathrm{e}^{2\alpha t}\right) \tag{7-6}$$

式中：$\alpha=\dfrac{1}{\tau_{h'}}$，代表了水文情势变化的速率；

$B(\cdot)$ —— 标准布朗运动（Brownian motion），其自相关函数为：

$$R_{h'}(t)=\mathrm{e}^{-2\alpha|t|} \tag{7-7}$$

对于种群衰退相，水文情势改变和种群变化的时间尺度通常相差几个数量级，可以合理地将 h' 总是建模为高斯白噪声过程。但是对种群形成相，需要分别研究 $\tau_{h'}=0$（高斯白噪声过程）和 $\tau_{h'}>0$（OU 过程）两种情况。

7.1.3 模型解析解

设一个同龄种群的形成相开始时间为 $t=0$，T_f 为种群形成相的典型持续时间。当 $t>T_f$ 时，种群演替进入衰退相。

基于采样具有有限精度的事实以及微分方程求解的要求，设形成相方程［式（7-1）］的初始值是 $n_1(0)=\varepsilon$，ε 是一个驱动演替开始的小的正值，代表偶然定植的幼苗。式（7-1）的值 $n_1(T_f)$ 表示在种群形成相和种群衰退相的连接点上种群的规模，即 $n_2(T_f)=n_1(T_f)$，同时也是衰退相方程［式（7-2）］的初始值。

为了求解式（7-1）和式（7-2），采用变量代换法，引入新变量 $m_1=\ln n_1-\ln(1-n_1)$ 和 $m_2=\ln n_2$，式（7-1）和式（7-2）可以重写为：

$$\frac{dm_1}{dt}=\lambda-a_f h'^2 \tag{7-8}$$

$$\frac{dm_2}{dt}=-a_d h'^2 \tag{7-9}$$

进一步，令 $\eta'=\mu_{h'}=\mu_\xi-\eta$，及 $h''=h'-\eta'$，则有：

$$\frac{dm_1}{dt}=\lambda-a_f\left(h''+\eta'\right)^2 \tag{7-10}$$

$$\frac{dm_2}{dt}=-a_d\left(h''+\eta'\right)^2 \tag{7-11}$$

h'' 的方差 $\sigma_{h'}^2=\sigma_h^2$，相关时间 $\tau_{h'}^2=\tau_h^2$，η' 表示实际浅层潜水位与群落最适宜潜水位之间的差异。因为包含了随机项 h''，式（7-10）和式（7-11）成为随机微分方程（stochastic differential equation，SDE）。不同于普通微分方程，其求解需要随机微分方程的理论。下面分别针对相关时间 $\tau_{h'}=0$ 是否可忽略两种情况进行求解。

（1）潜水位波动相关时间可忽略（$\tau_{h'}=0$）

基于 Stratonovich 随机微分方程的理论，高斯白噪声的积分在物理意义上为布朗运动，可将方程两侧积分，得：

$$m_1(0)=m_0=\ln\frac{\varepsilon}{1-\varepsilon} \tag{7-12}$$

$$m_1(t)=m_0+\left(\lambda-a_f\eta'\right)^2 t-a_f\int h''^2 dt-2a_f\eta'\int h'' dt \tag{7-13}$$

$$m_2(t)=m_1(T_f)-a_d\int h''^2 dt-2a_d\eta'\int h'' dt \tag{7-14}$$

由于二次变差过程 $\int h''^2 dt$ 几乎处处（almost surely）收敛于 $\sigma_{h'}^2 t$，即：

$$\int h''^2 \mathrm{d}t = \sigma_{h'}^2 t \tag{7-15}$$

于是可得：

$$m_1(t) = m_0 + \left[\lambda - a_\mathrm{f}\left(\sigma_{h'}^2 + \eta'^2\right) \right]t + 2a_\mathrm{f}\sigma_{h'}\eta' B(t), t < T_\mathrm{f} \tag{7-16}$$

$$m_2(t) = m_2(T_\mathrm{f}) - \left(\sigma_{h'}^2 + \eta'^2\right)\int_{T_\mathrm{f}}^t a_\mathrm{d}(t)\mathrm{d}t - 2\eta'\sigma_{h'}^2\int_{T_\mathrm{f}}^t a_\mathrm{d}(t)\mathrm{d}B(t), t > T_\mathrm{f} \tag{7-17}$$

式中：$B(t)$ —— 标准布朗运动。

根据上式，$m_1(t)$ 和 $m_2(t)$ 均为高斯过程，其概率分布为均值和方差随时间变化的高斯分布。因此 $m_1(t)$ 的概率分布为：

$$p_{m_1}(t) = \frac{1}{2\sqrt{2\pi a_\mathrm{f}^2 \sigma_{h'}^2 \eta'^2 t}} \exp\left\{ -\frac{1}{8a_\mathrm{f}^2\sigma_{h'}^2\eta'^2}\left[m - m_0 - \lambda - a_\mathrm{f}\left(\eta'^2 + \sigma_{h'}^2\right) \right]t \right\}$$

$m_1(t)$ 的均值和方差分别为：

$$\langle m_1(t) \rangle = m_0 + \lambda t - a_\mathrm{f}\left(\sigma_{h'}^2 + \eta'^2\right)t \triangleq \mu_{m_1}$$

$$\mathrm{Var}\langle m_1(t) \rangle = 4a_\mathrm{f}^2\sigma_{h'}^2\eta'^2 t \triangleq \sigma_{m_1}^2$$

同理，有：

$$m_2(t) = m_2(T_\mathrm{f}) - \int_{T_\mathrm{f}}^t \left[a_\mathrm{d}(t)\left(\sigma_{h'}^2 + \eta^2\right) \right]\mathrm{d}t + 2\eta'\sigma_{h'}\int_{T_\mathrm{f}}^t a_\mathrm{d}(t)\mathrm{d}B(t)$$

$$= m_2(T_\mathrm{f}) - \left(\sigma_{h'}^2 + \eta^2\right)\int_{T_\mathrm{f}}^t a_\mathrm{d}(t)\mathrm{d}t + 2\eta'\sigma_2\int_{T_\mathrm{f}}^t a_\mathrm{d}(t)\mathrm{d}B(t)$$

将 $a_\mathrm{d}(t) = A + \dfrac{B}{t} + Ce^{Dt}$ 代入有：

$$m_2(t) = m_2(T_\mathrm{f}) - \left(\sigma_{h'}^2 + \eta^2\right)\left(At + B\ln t + \frac{C}{D}e^{Dt} \right)\Bigg|_{T_\mathrm{f}}^t + 2\eta'\sigma_{h'}\int_{T_\mathrm{f}}^t a_\mathrm{d}(t)\mathrm{d}B(t)$$

$m_2(t)$ 的均值和方差：

$$\langle m_2(t) \rangle = \langle m_2(T_\mathrm{f}) \rangle - \left(\sigma_{h'}^2 + \eta'^2\right)\left(At + B\ln t + \frac{C}{D}e^{Dt} \right)\Bigg|_{T_\mathrm{f}}^t$$

$$\mathrm{Var}\langle m_2(t) \rangle = \mathrm{Var}\langle m_2(T_\mathrm{f}) \rangle + 4\eta'^2\sigma_{h'}^2\int_{T_\mathrm{f}}^t a_d^2(t)\mathrm{d}t$$

$$= \mathrm{Var}\langle m_2(T_\mathrm{f}) \rangle + \left[4\eta'^2\sigma_{h'}^2 A^2 t + 2AB\ln t + \frac{2ACe^{Dt}}{D} - \frac{B^2}{t} \cdots \right.$$

$$\left. -2BC\mathrm{Ei}(Dt) + \frac{C^2}{2D}e^{2Dt} \right]\Bigg|_{T_\mathrm{f}}^t$$

式中：Ei（·）——指数积分函数（exponential integral function）。

（2）潜水位波动相关时间不可忽略（$\tau_{h'} > 0$）

当自相关时间 $\tau_{h'}$ 不可忽略时，式（7-10）的两边有：

$$m_1(t) = m_0 + \left(\lambda - a_f \eta'^2\right)t - I_1 - I_2 \tag{7-18}$$

其中，

$$I_1 = a_f \int_0^t h'^2 \mathrm{d}t \tag{7-19}$$

$$I_2 = 2a_f \eta' \int_0^t h' \mathrm{d}t \tag{7-20}$$

I_1 和 I_2 的均值如下：

$$\langle I_1 \rangle = a_f \sigma_{h'}^2 t, \langle I_2 \rangle = 0 \tag{7-21}$$

它们的方差为：

$$\mathrm{Var}(I_1) = 4a_f^2 \sigma_{h'}^4 \int_0^t (t-s)\mathrm{e}^{-2\alpha s}\mathrm{d}s = \frac{a_f^2 \sigma_1^4}{\alpha^2}\left(2\alpha t - 1 + \mathrm{e}^{-2\alpha t}\right) \tag{7-22}$$

$$\mathrm{Var}(I_2) = 4a_f^2 \sigma_{h'}^2 \eta'^2 t + 8a_f^2 \sigma_{h'}^2 \eta'^2 \int_0^t (t-s)\mathrm{e}^{-\alpha s}\mathrm{d}s = 4a_f^2 \sigma_{h'}^2 \eta'^2 t + \frac{8a_f^2 \sigma_1^2 \eta'^2}{\alpha^2}\left(\alpha t - 1 + \mathrm{e}^{-\alpha t}\right)$$

$$\tag{7-23}$$

I_1 和 I_2 的协方差为 0，因此可得 $m_1(t)$ 的方差：

$$\mathrm{Var}\langle m_1(t)\rangle = \mathrm{Var}(I_1) + \mathrm{Var}(I_2) \tag{7-24}$$

7.1.4　种群规模的分布

考察种群形成相至种群衰退相的拐点上的种群规模，因为只有在 $t = T_f$ 的拐点上，种群数量才有可能达到最大规模。由 $p_{m_1}(t)$ 可以得出 $n_1(t)$ 的概率密度函数（probability density function，PDF）。

$$p_{n_1}(t) = \frac{1}{\sqrt{2\pi\sigma_{m_1}^2}}\exp\left\{-\frac{1}{2\sigma_{m_1}^2}\left[\ln\left(\frac{n_1}{1-n_1}\right) - \mu_{m_1}\right]^2\right\}\frac{1}{n_1(1-n_1)} \tag{7-25}$$

$p_{n_1}(t)$ 是逻辑斯谛正态（logit-normal）分布，它相对于正态分布向左倾斜，并且丰度 n_1 越大，$p_{n_1}(t)$ 越远离正态分布。植被分布的这一特征在热带雨林的树木多度分布中得到了验证（Chave，2004；Magurran，2010）。从式（7-25）中可以看出，种群形成相的种群规模从初始值 ε 开始的演替方向是扩大还是缩小，取决于 μ_{m_1} 的符号；η' 和 $\sigma_{h'}$ 越大，μ_{m_1}

越小，即种群的平均增长率越小。如果 μ_{m_1} 为正值，种群的规模在种群形成相更有可能呈增长趋势，否则种群规模更有可能呈衰退趋势，尽管在初始时刻有一些幼苗偶然定植在了漫滩。式（7-25）还表明当水文情势变化很快时，水文情势的方差 $\sigma_{h'}^2$ 与差值 η' 的平方对种群规模的影响相同。但是当水文情势改变较慢时，从式（7-23）可看出相关时间 $\tau_{h'}$ 的作用是仅仅增加了 $m_1(t)$ 的方差，但是由于 $n_1(t)$ 与 $m_1(t)$ 的非线性关系，$\tau_{h'}$ 同时增加了 $n_1(t)$ 的均值和方差。图 7-2（a）显示了 $n_1(t)$ 的方差比均值受影响更大。所以当 $\tau_{h'}$ 不可忽略时，$\sigma_{h'}$ 和 η' 的作用在形成漫滩植被分布时不再是等同的，$\tau_{h'}$ 将在 $n_1(t)$ 的方差上贡献一个额外的项，意味着人们可以在种群形成相即植物定植期间人为地制造一些水文情势的波动，以便增加种群扩大的概率（如图 7-2 所示）。

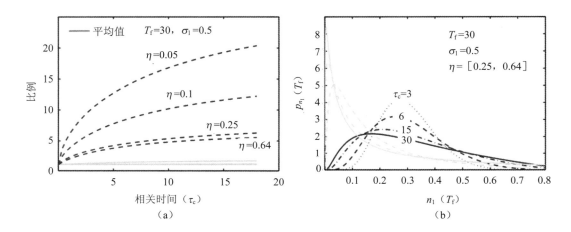

图 7-2　相关时间 $\tau_{h'}$ 对种群规模分布的影响

7.1.5　种群平均寿命

式（7-26）表示 $m_2(t)$ 也是一个高斯扩散过程，均值随着时间降低而方差扩大。假设当 $n_2(t)$ 小于一个很小的 n_e 值（比如 n_0 的 1%）时，认为该同龄种群的所有个体死亡而且该种群消失。根据随机过程的理论，从种子定植到种群最终消失所需的时间 T_d 是一个停时（stopping time），由于时间漂移率和扩散系数并非常数，T_d 的概率分布难以计算。但是 T_d 的平均值可以根据停止定理得到：

$$\langle m_2(T_d)\rangle = \langle m_2(T_f)\rangle - \left(\sigma_2^2 + \eta^2\right)\left(At + B\ln t + \frac{C}{D}e^{Dt}\right)\Bigg|_{T_f}^{T_d} \tag{7-26}$$

式中：$m_2(T_d)=n_e$，平均寿命 $\langle T_d\rangle$ 可以从其中解出。

如图 7-3 所示，曲线为通过数值方法求解的平均寿命与 η' 的关系，其中横轴为 η'，纵

轴为平均寿命 T_d 的对数。从中可以看出，在较为有利的地形处，水文情势的方差对平均寿命的影响要明显大于在较为不利的地形处的影响。

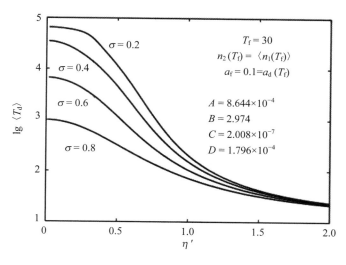

图 7-3　平均寿命 $\langle T_d \rangle$ 与 η' 的关系

7.1.6　种群规模沿漫滩的横向分布

种群规模的均值 $\langle n_1(T_f) \rangle$ 和 $\langle T_f \rangle$ 在 $(\eta', \sigma_{h'})$ 空间的形状如图 7-4 所示，其中（a）为 $\langle n_1(T_f) \rangle$ 在 (η', σ) 空间的分布，（b）为 $\langle n_1(T_f) \rangle$ 在 x 方向的分布，（c）为 $\langle T_d \rangle$ 在 (η', σ) 空间的分布，（d）为 $\langle T_d \rangle$ 在 x 方向的分布。当考虑到浅层潜水位 ζ' 沿漫滩横向断面 x 的变化时，$\langle n_1(T_f) \rangle$ 和 $\langle T_d \rangle$ 沿漫滩横向断面 x 却可以呈现出不同的模式。在 (η', p_{n_1}) 平面上是一组具有单峰形状的曲线，最大值在 $\eta'=0$ 处，代表了最适宜的位置。但在实际的地理环境中，η' 和 $\sigma_{h'}$ 均与横向坐标 x 有关，而不再是相互独立的两个水文参数，因此 $n_1(T_f)$ 关于 $(\eta', \sigma_{h'})$ 的变化形成更加复杂的空间曲线。

假设 $\sigma_{h'}$ 沿 x 方向逐渐线性地减小，考察 μ' 在 x 方向上的 3 种类似的梯度趋势，如图 7-5 所示。图中，用 3 个对数函数代表 3 种河流岸带的横向断面梯度 $\eta'(x)$，用线性函数 $\sigma_{h'}(x)$ 代表浅层潜水位标准差随着河流岸带横向距离的变化。其中：$\sigma_{h'}(x) = -0.012(x-10) + 0.6$，曲线（1）为 $\eta'(x) = \lg(x-10) - 0.5$，曲线（2）为 $\eta'(x) = 0.7\lg(x-10) - 0.5$，曲线（3）为 $\eta'(x) = 0.3\lg(x-10) - 0.5$。可以发现，尽管 STEM 模型的结果表明 $\langle n_1(T_f) \rangle$ 和 $\langle T_d \rangle$ 与 $(\eta', \sigma_{h'})$ 的关系是一种单峰曲线，但是当考虑到浅层潜水位 ζ' 沿漫滩横向断面 x 的变化时，$\langle n_1(T_f) \rangle$ 和 $\langle T_d \rangle$ 沿漫滩横向断面 x 却可以呈现出 3 种不同的分布模式（如图 7-5 所示）：①单调增加的趋势；②相对平坦的单峰模式；

③虽有单个峰值，但是为快速下降的趋势。漫滩植被的 3 种分布模式均得到了实地调查的验证，在有些研究中也作为 3 个理论假设被提出。

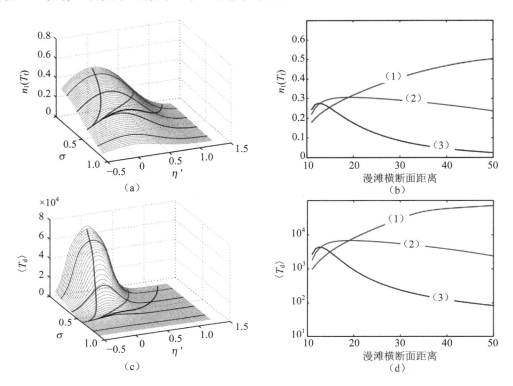

图 7-4 种群规模均值、平均寿命在（η', $\sigma_{h'}$）空间和沿漫滩横向断面坐标 x 方向的分布

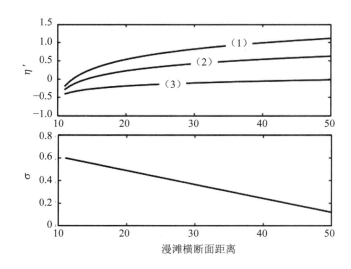

图 7-5 考察 3 种河流岸带的横向断面

如图 7-6 所示，模拟了群落规模均值 $\langle n_1(t) \rangle$ 和 $\langle n_2(t) \rangle$ 以相同初始值 ε，但在 3 个不同的水位值情况下随时间的演化，阴影部分表示 n_1 和 $n_2(t)$ 的 95% 置信区间。从中可以看出尽管 $m_1(t)$ 和 $m_2(t)$ 均表示方差扩散过程，但是群落规模 $n(t)$ 的方差却不总是扩散的，而是在均值附近存在一个最大值，而后随着种群年龄的增长，其方差也会逐渐缩小（Nesslage et al.，2016）。

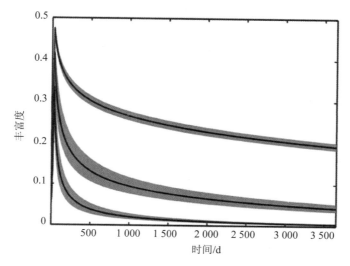

注：阴影部分表示 $n_1(t)$ 和 $n_2(t)$ 的 95% 置信区间。

图 7-6 $\langle n_1(t) \rangle$ 和 $\langle n_2(t) \rangle$ 随时间的演化

STEM 模型给出的群落规模的概率密度函数与现场调查数据基本一致，并且从 STEM 模型的结果可以看出同龄种群的规模（多度）在其整个生命周期中都保持这一形状。根据文献中的调查数据，许多类型的乔木和灌木都表现出了相似的分布形状，只是其峰值的位置和方差不同。

STEM 模型将关注对象从整个群落转移到同龄群落，从而利用两个相继的随机过程，对水文情势变化下的漫滩植被的演化过程给出了解析描述。由于其中随机过程存在马尔科夫性，因此可以利用计算机程序对复杂的非平稳的水文情势过程进行模拟和预测。该模型的创新性在于：①在框架模型中考虑了整个生命周期内漫滩植被对水文情势的耐受性的改变；②可以通过两个相继的随机过程考虑季节流的非稳定性；③求解过程描述了漫滩植被的时间演化，群落规模的概率分布具有一定的普适性，这一概率分布可以结合水文参数与地理环境的关系而描述不同的植被分布模式。

7.2 STEM 模型的模拟与预测

滦河流域跨越不同气候区，人类活动强度大。自然降水表现出较大的季节性，年际变化大；地理跨度大、地形变化多样；闸坝众多，人为干扰强度较大。众多因素作用使得滦河流域水文情势表现出较大的时空差异性，本研究认为该流域水文情势的时空差异性是驱动群落结构和分布格局差异性的主要原因。利用滦河流域若干水文站的水文数据，对 STEM 模型的假设之一（h'' 服从高斯分布）进行拟合优度检验。

7.2.1 水位概率分布拟合与检验

对三道河子水文站、潘家口水文站和滦县水文站 1954—1970 年水文数据进行的方差分析表明滦河流域水文情势存在显著的年际差异，如图 7-7～图 7-9、表 7-2 所示。在排除明显差异年份的水文记录后，正态分布拟合优度检验的结果为：三道河子水文站和滦县水文站的水文数据可以认为符合正态分布，但是潘家口水文站的水文数据则拒绝了正态分布的原假设。

如图 7-7～图 7-9 所示，拟合优度检验的结果表明，河流水位 h 的概率分布大多数时候是符合或者接近正态分布的，因此在漫滩以及土壤植被的阻滞、渗漏、蒸发和汲取等多重作用下，在 STEM 模型中假设 h'' 也符合正态分布是合理的，因此逻辑斯谛正态分布能够被群落调查数据所验证。

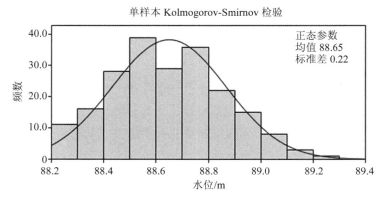

图 7-7　三道河子水文站水文数据的拟合优度检验

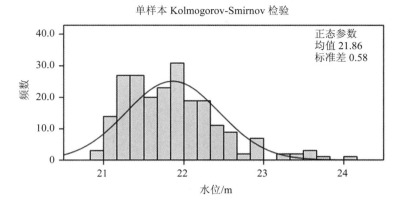

图 7-8 滦县水文站水文数据的拟合优度检验

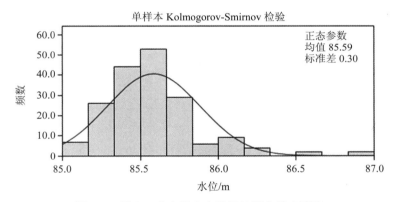

图 7-9 潘家口水文站水文数据的拟合优度检验

表 7-2 3 个水文站 1954—1970 年水文数据方差分析

分组	三道河子水文站				滦县水文站				潘家口水文站			
	df	均方	F	p	df	均方	F	p	df	均方	F	p
组间	15	0.222	6.72	0	16	1.633	6.795	0	13	0.124	1.436	0.147
组内	192	0.033			204	0.240			168	0.086		
总数	207				220				181			

7.2.2 敏感系数 a_d 的标定

a_d 描述了植物对环境影响变化的敏感程度随着生命阶段而变化，其中 A、B、C、D 等 4 个参数的取值由不同物种的生长特性决定。这些参数的标定需要参照植物生长模型，如 JABOWA 模型（Botkin et al.，1972；Shugart et al.，1977；Pearlstine et al.，1985）。下文对照 JABOWA 模型参数研究 a_d 的标定方法。

JABOWA 模型对植物的直径进行了理论建模，通过微分方程描述其直径 D 随年龄的变化过程，并综合考虑了植物高度 H、叶片面积 C 与直径的关系：

$$H = 137 + b_2 D - b_3 D^2 \tag{7-27}$$

$$\partial D = \frac{GD\left[1 - DH / \left(D_{max} H_{max}\right)\right]}{274 + 3b_2 D - 4b_3 D^2} \tag{7-28}$$

式中：D_{max}、H_{max} —— 观察到的植物最大直径和最大高度，模型参数的取值如表 7-3 所示。

表 7-3 JABOWA 模型参数典型值

物种	G	C	AGE_{max}/a	D_{max}/cm	H_{max}/cm	b_2	b_3
糖枫	170	1.57	200	152.5	4 011	50.9	0.167
山毛榉	150	2.2	300	122	3 660	57.8	0.237
黄桦	100	0.486	300	122	3 050	47.8	0.196
美国白蜡	130	1.75	100	50	2 160	80.2	0.802
山枫	150	1.13	25	13.5	500	53.8	2
宾州槭	150	1.75	30	22.5	1 000	76.6	1.7
欧洲酸樱桃	200	2.45	30	28	1 126	70.6	1.26
野樱桃	150	2.45	20	10	500	72.6	3.63
香脂冷杉	200	2.5	80	50	1 830	67.9	0.679
云杉	50	2.5	350	50	1 830	67.9	0.679
白桦	140	0.486	80	46	1 830	73.6	0.8
桉树	150	1.75	30	10	500	72.6	3.63
红枫	240	1.75	150	152.5	3 660	46.3	0.152

STEM 模型中的 a_d 描述的是植物随年龄增长对环境扰动的敏感程度（抵抗力的倒数）。根据植物生长规律，它应当是时间的凸（convex）函数，即从植物成功定植开始，敏感程度先随着生长过程逐渐减小（抵抗力逐渐增大），在特定年龄时达到最小值后，开始随着年龄增长（衰老过程）逐渐增加（抵抗力逐渐减小）。JABOWA 模型描述了植物生长的"S"形曲线，可以认为该曲线的拐点即为植物衰老过程的转折点，a_d 的 4 个参数可以由此推导得出。

根据 JABOWA 模型计算的植物生长-衰老拐点如表 7-4 所示。其中，除宾州槭、欧洲酸樱桃、野樱桃 3 个物种出现生长拐点的年龄超过了最大年龄的一半（分别为 0.6、0.5、0.55），其余物种均在最大年龄的一半之前出现生长拐点。植物在生长拐点时直径达到最大可能直径的 28%～47%，高度达到最大高度的 48%～76%，为初始高度的 2.74～14.28 倍。

表 7-4　根据 JABOWA 模型计算的生长拐点

物种	拐点年龄 (A_{ip}) /a	A_{ip}/A_{max}	拐点直径 (D_{ip}) /cm	D_{ip}/D_{max}	D_{ip}/D_0	拐点高度 (H_{ip}) /cm	H_{ip}/H_{max}	H_{ip}/H_0
糖枫	44	0.22	42.47	0.28	84.93	1 956.07	0.49	14.28
山毛榉	45	0.15	33.56	0.28	67.13	1 773.58	0.48	12.95
黄桦	59	0.2	34.4	0.28	68.8	1 525.7	0.5	11.14
美国白蜡	34	0.34	15.22	0.3	30.44	1 142.78	0.53	8.34
山枫	12	0.48	6.32	0.47	12.64	378.54	0.76	2.76
宾州槭	18	0.6	8.57	0.38	17.14	641.86	0.64	4.69
欧洲酸樱桃	15	0.5	10.34	0.37	20.68	694.99	0.62	5.07
野樱桃	11	0.55	4.61	0.46	9.22	375.73	0.75	2.74
香脂冷杉	21	0.26	16.33	0.33	32.66	1 022.04	0.56	7.46
云杉	77	0.22	15.16	0.3	30.31	999.14	0.55	7.29
白桦	29	0.36	14.78	0.32	29.56	1 020.13	0.56	7.45
桉树	11	0.37	4.61	0.46	9.22	375.73	0.75	2.74
红枫	30	0.2	43.97	0.29	87.93	1 821.41	0.5	13.29

将敏感系数 a_d 的表达式重写如下。为了保证演替相之间的连续性，将 a_f 提取为系数，待标定参数分别写为 A'、B'、C'、D'：

$$a_d = a_f \cdot a_d' = a_f \cdot \left(A' + B'/t + C'\mathrm{e}^{D't} \right) \tag{7-29}$$

确定 4 个参数的计算式为（参见前文描述）：

$$a_d' \left(T_f \right) = 1 \tag{7-30}$$

$$\frac{\mathrm{d}}{\mathrm{d}t} a_d' \mid_{t=A_{ip}} = 0 \tag{7-31}$$

$$a_d' \left(A_{ip} \right) = f(H) \tag{7-32}$$

$$a_d' \left(A_{max} \right) = g(H) \tag{7-33}$$

其中 $f(H)$ 和 $g(H)$ 与植物生理特性有关。本研究考虑到植物根系大体为锥形，假设 $f(H)$ 为植物高度增长比例的倒数的三次方；令 $g(H)=1$，表示植物在生命终末期的敏感度与幼苗时期相同。

根据表 7-4，利用 MATLAB2010 求解，可得参数 A'、B'、C'、D' 的标定值（如表 7-5 所示）。因此可得 a_d 各参数的标定值为：

$$A = a_f A', B = a_f B', C = a_f C', D = D' \tag{7-34}$$

其中 a_f 的标定需要利用群落采样数据。

表 7-5　a_d' 各参数 A'、B'、C'、D' 的标定值

物种	A'	B'	C'	D'
糖枫	−0.04	1.04	7.23×10^{-3}	0.02
山毛榉	−0.06	1.04	2.24×10^{-2}	0.01
黄桦	−0.03	1.03	6.42×10^{-3}	0.02
美国白蜡	−0.04	1.04	1.49×10^{-3}	0.07
山枫	−0.07	1.07	8.93×10^{-4}	0.28
宾州槭	−0.06	1.06	5.70×10^{-6}	0.40
欧洲酸樱桃	−0.08	1.08	2.99×10^{-4}	0.27
野樱桃	−0.07	1.07	1.71×10^{-4}	0.43
香脂冷杉	−0.09	1.08	1.48×10^{-2}	0.05
云杉	−0.02	1.02	2.78×10^{-3}	0.02
白桦	−0.05	1.05	1.35×10^{-3}	0.08
桉树	−0.11	1.10	1.12×10^{-2}	0.15
红枫	−0.08	1.06	2.00×10^{-2}	0.03

7.2.3　其余参数的标定

对处于快速动态演化期的植被群落，难以准确标定其群落生长参数，参数 λ 和 a_f 的标定需要采样自相对稳定的群落格局。Leslie 矩阵方法是研究群落动态演替的一种矩阵方法，它通过将种群结构等距划分年龄段，利用年龄段间的时间域的数量依赖关系研究和预测整个种群年龄结构和种群规模的动态演化（Leslie，1947）。在植物种群研究上应用 Leslie 矩阵方法，矩阵结构得以简化，因为植物繁衍与植物成熟个体的数量关系并不像动物那么明显，而是受到更多环境因素的影响。也是基于这一点，在 STEM 模型中假定模型初始值是与种群规模无关的小数。

因为假定种群年龄结构恒定的相互转移关系，Leslie 矩阵方法本质上是假设种群按指数规律增长。本研究主要利用 Leslie 矩阵的思想对模型参数进行标定，而用于标定参数的采样数据来自相对恒定的群落结构，因此群落实际增长率接近于 1，群落增长率与群落规模的依赖关系可以忽略，而不会带来很大误差。

考虑种群形成相时间相对短，为了将式（7-25）与种群采样数据联系起来，以下述方式划分年龄段：种群形成相作为第一年龄段，种群衰退相逐年划分，建立年龄段，以 i 代表年份，则有 Leslie 矩阵中生殖率 $a_0=1$ 及 $a_i=0$（$i>1$），生殖率向量为 $[1, 0, \cdots]$；存活率为 $b_0=\dfrac{\langle n_2(1)\rangle}{\langle n_1(T_f)\rangle}$，$b_i=\dfrac{\langle n_2(i+1)\rangle}{\langle n_2(i)\rangle}$，$i>1$。

即

$$L = \begin{bmatrix} 1 & 0 & 0 & \cdots \\ \dfrac{\langle n_2(1) \rangle}{\langle n_1(T_f) \rangle} & 0 & 0 & \cdots \\ 0 & \dfrac{\langle n_2(2) \rangle}{\langle n_2(1) \rangle} & 0 & \cdots \\ \vdots & & \vdots & \vdots \end{bmatrix} \tag{7-35}$$

因为 Leslie 矩阵具有唯一单重正特征根，可以求解 Leslie 矩阵的正特征根以及特征向量，来标定模型参数。假设 L 的唯一正特征根为 λ_0，则 λ_0 必有一个特征向量为 $X = \left[1, \dfrac{b_1}{\lambda_0}, \dfrac{b_1 b_2}{\lambda_0^2}, \cdots \right]$。

假设采样数据中两个年龄 j、k（$j < k$）的植物个体数量分别为 $\tilde{N}_j$ 和 $\tilde{N}_k$，则有：

$$\frac{\prod\limits_{n=j+1}^{k} b_n}{\lambda_0^{k-j}} = \frac{\tilde{N}_k}{\tilde{N}_j} \tag{7-36}$$

实际上，对于相对稳定的种群结构有 $\lambda_0 \approx 1$，这一条件与式（7-36）一起可以用来标定模型参数 λ 和 a_f。

对于群落参数 λ、a_f 及未知量 η' 的标定，也可首先由 $m_2(t)$ 的均值和方差计算公式，利用最小二乘法确定一组标定方程，这一方程组需为 3 个未知量的超定方程，而后进行数值求解。

因为在两个演替相的连接点有 $n_1(T_f) = n_2(T_f)$，将 $m_2(T_f)$ 的值变换为 $m_1(T_f)$ 可得：

样地 1：$m_2(T_f) = -1.793$，$m_1(T_f) = -1.611$

样地 2：$m_2(T_f) = -1.721$，$m_1(T_f) = -1.524$

样地 3：$m_2(T_f) = -2.010$，$m_1(T_f) = -1.886$

进而可得参数 λ、a_f 和 $\mu_{h'}$ 的标定方程：

$$m_0 + \lambda T_f - a_f \left(\sigma_{h'}^2 + \eta_1'^2 \right) T_f = -1.611 \tag{7-37}$$

$$m_0 + \lambda T_f - a_f \left(\sigma_{h'}^2 + \eta_2'^2 \right) T_f = -1.524 \tag{7-38}$$

$$m_0 + \lambda T_f - a_f \left(\sigma_{h'}^2 + \eta_3'^2 \right) T_f = -1.886 \tag{7-39}$$

对于本研究中的 3 个样地，可得各参数值为：$\lambda = 3.235\,6$，$a_f = 0.481\,9$，$\eta_1 = -0.430\,5$，$\eta_2 = 0.069\,5$，$\eta_3 = 0.869\,5$。

以上为根据实际样地采样数据标定 STEM 模型参数的方法。根据实际群落采样数据标定的模型参数存在很大的误差和不确定性，因为通常难以寻找到足够多的环境类似的样地，更加精确的模型参数标定（尤其是与生理特性直接相关的 λ、η'、a_f 的标定）也可以在人为设定条件下通过实验实现。

7.2.4 基于 STEM 模型的植物群落演化模拟和预测

STEM 模型经过参数标定以后，可以用来对植被群落的演化进行模拟和预测。基于表 7-6～表 7-8 的 3 个水文站监测数据，对样地 2 植被分布格局进行演化模拟，结果如图 7-10 所示。从模拟和预测结果中可以看出群落在年龄较小阶段的规模缩小很快，而在年龄较大阶段保持较小的规模且缩小较慢。STEM 模型采用两个相继的随机过程表示马尔科夫过程，并且能够用随机过程的形式表示群落随时间演化的过程，因此也便于通过计算机模拟和预测水文参数变化驱动下群落的演替情况。模拟结果与理论分析结果一致，类似的分布趋势也能够得到实际调查数据的验证。在因更加复杂的环境扰动而不能求解解析解的情况下，也可以利用 STEM 模型的思想，进行计算机模拟预测，从而实现对环境扰动影响的评估。

表 7-6 三道河子水文站 1954—1970 年逐月水位 单位：m

年份	1 月	2 月	3 月	4 月	5 月	6 月	7 月	8 月	9 月	10 月	11 月	12 月	年平均
1954	88.54	88.61	88.47	88.36	88.23	88.43	88.67	88.84	88.60	88.49	88.36	88.58	88.52
1955	88.71	88.81	88.70	88.50	88.35	88.46	88.48	88.50	88.42	88.36	88.25	88.29	88.48
1956	88.56	88.65	88.61	88.43	88.27	88.58	88.84	89.12	88.85	88.72	88.54	88.68	88.65
1957	89.03	89.16	88.27	88.82	88.48	88.60	88.74	88.97	88.84	88.66	88.57	88.85	88.75
1958	88.99	89.06	88.97	88.73	88.56	88.61	89.02	88.61	88.47	88.42	88.31	88.23	88.67
1959	88.48	88.64	88.51	88.42	88.27	88.32	88.67	89.25	89.13	88.93	88.77	88.66	88.67
1960	88.88	89.09	88.88	88.83	88.73	88.80	88.86	88.74	88.73	88.72	88.59	88.75	88.80
1961	89.02	89.10	88.83	88.73	88.65	88.63	88.69	88.71	88.70	88.76	88.63	88.60	88.75
1962	88.90	88.99	88.91	88.87	88.77	88.73	88.93	88.88	88.73	88.67	88.61	88.60	88.80
1963	88.94	88.93	99.82	88.76	88.66	88.63	88.74	88.85	88.81	88.74	88.62	88.75	89.69
1964	88.97	88.99	88.91	88.98	88.79	88.8	88.80	89.10	88.91	88.83	88.70	88.62	88.87
1965	89.00	89.05	88.88	88.74	88.59	88.63	88.89	88.89	88.75	88.66	88.57	88.60	88.77
1966	88.79	88.84	88.65	88.65	88.50	88.51	88.59	88.74	88.57	88.50	88.40	88.50	88.60
1967	88.63	88.72	88.56	88.54	88.34	88.47	88.79	88.60	88.52	88.43	88.35	88.52	88.54
1968	88.68	88.71	88.57	88.58	88.32	88.32	88.42	88.51	88.35	88.37	88.27	88.27	88.45
1969	88.49	88.60	88.60	88.44	88.20	88.26	88.43	88.93	88.69	88.58	88.37	88.54	88.51
1970	88.78	88.86	88.62	88.59	88.31	88.34	88.46	88.74	88.57	88.48	88.37	88.60	88.56

表 7-7　潘家口水文站 1954—1970 年逐月水位　　　　单位：m

年份	1月	2月	3月	4月	5月	6月	7月	8月	9月	10月	11月	12月	年平均
1954	85.14	85.27	85.05	85.26	85.05	85.74	86.08	86.57	85.77	85.47	85.24	85.30	85.50
1955	85.42	85.28	85.09	85.34	85.07	85.30	85.47	86.06	85.96	85.49	85.28	85.14	85.41
1956	85.30	85.21	85.17	85.32	85.07	86.18	86.00	86.90	85.93	85.64	85.37	85.64	85.64
1957	85.69	85.68	85.68	85.59	85.14	85.25	85.72	86.22	85.77	85.52	85.39	85.30	85.58
1958	85.71	85.69	85.50	85.49	85.27	85.32	86.89	86.13	85.72	85.55	85.34	85.26	85.66
1959	85.69	85.53	85.32	85.35	85.07	85.19	86.69	87.61	86.57	85.97	85.64	85.47	85.84
1960	85.69	85.77	85.53	85.51	85.33	85.49	85.81	85.73	85.59	85.55	85.43	85.50	85.58
1961	85.70	85.71	85.45	85.49	85.38	85.38	85.50	85.48	85.51	85.47	85.37	85.39	85.48
1962	85.56	85.61	85.40	85.63	85.51	85.62	86.57	86.31	85.85	85.70	85.63	85.45	85.74
1963	85.32	85.36	85.56	85.62	85.46	85.45	85.70	85.95	85.73	85.62	85.50	85.33	85.55
1964	85.31	85.30	85.43	85.92	85.62	85.78	86.04	86.94	86.08	85.80	85.60	85.62	85.79
1965	85.49	85.39	85.36	85.43	85.21	85.29	86.10	86.17	85.83	85.69	85.61	85.45	85.59
1966	85.62	85.63	85.48	85.52	85.31	85.44	85.75	86.08	85.90	85.62	85.46	85.49	85.61
1967	85.53	85.45	85.41	85.58	85.33	85.53	86.20	86.05	85.81	85.64	85.47	85.47	85.62
1968	85.60	85.62	85.49	85.62	85.27	85.40	85.65	85.83	85.57	85.59	85.45	85.46	85.55
1969	85.54	85.59	85.44	85.57	85.26	85.32	85.87	86.94	86.27	85.81	85.46	85.57	85.72
1970	85.73	85.66	85.30	85.56	85.17	85.22	85.63	86.15	85.88	85.62	85.42	85.32	85.56

表 7-8　滦县水文站 1954—1970 年逐月水位　　　　单位：m

年份	1月	2月	3月	4月	5月	6月	7月	8月	9月	10月	11月	12月	年平均
1954	21.47	21.43	21.44	21.60	21.40	21.40	22.87	23.49	22.62	22.37	22.17	21.93	22.02
1955	21.93	21.90	21.92	22.08	21.88	21.88	22.38	23.17	23.24	22.51	22.27	22.06	22.26
1956	22.06	21.95	22.05	22.19	22.02	22.02	22.96	23.56	22.83	22.53	22.35	22.18	22.39
1957	22.04	22.03	22.23	22.42	21.98	21.98	22.58	22.94	22.66	22.40	22.23	22.13	22.30
1958	22.12	22.07	22.27	22.28	22.09	22.09	23.46	22.92	22.45	22.24	22.02	21.85	22.32
1959	21.57	21.80	21.89	21.96	21.65	21.65	23.64	24.04	22.87	22.31	21.97	21.86	22.27
1960	21.79	21.84	21.93	21.87	21.68	21.85	22.19	22.31	22.10	22.00	21.83	21.64	21.92
1961	21.63	21.69	21.81	21.78	21.67	21.67	21.99	22.04	21.97	21.91	21.76	21.60	21.79
1962	21.54	21.60	21.70	21.94	21.76	21.93	22.98	22.52	21.75	21.44	21.36	21.22	21.81
1963	21.12	21.14	21.26	21.31	21.17	21.21	21.56	21.89	21.56	21.34	21.22	20.98	21.31
1964	20.92	20.90	21.09	21.58	21.26	21.48	21.99	23.50	22.22	21.79	21.58	21.30	21.64
1965	21.15	21.20	21.24	21.27	21.10	21.20	22.19	22.34	21.85	21.56	21.48	21.21	21.48
1966	21.13	21.18	21.34	21.31	21.09	21.30	21.73	22.64	22.10	21.53	21.35	21.15	21.49
1967	21.12	21.12	21.23	21.34	21.20	21.47	22.49	22.53	21.82	21.48	21.33	21.22	21.53
1968	21.14	21.08	21.24	21.33	21.08	21.14	21.44	21.78	21.50	21.53	21.43	22.37	21.42
1969	21.28	21.23	21.34	21.44	21.27	21.21	21.94	23.77	22.90	21.94	21.67	22.46	21.87
1970	21.49	21.40	21.39	21.62	21.38	21.42	21.96	22.73	22.23	21.92	21.80	22.60	21.82

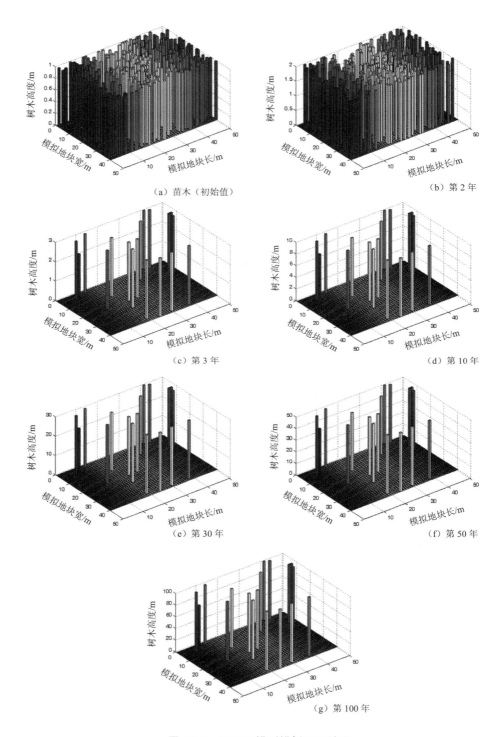

（a）苗木（初始值）

（b）第 2 年

（c）第 3 年

（d）第 10 年

（e）第 30 年

（f）第 50 年

（g）第 100 年

图 7-10　STEM 模型模拟预测结果

7.3 基于底栖动物的河流栖息地完整性模型构建

在栖息地完整性理论基础上，建立基于底栖动物的河流栖息地完整性模型（benthic macroinvertebrate based river habitat integrity model，BRHIM），综合考虑水文因子、水质因子和生态系统结构，定量研究基于底栖动物的河流栖息地完整性结构与功能的变化规律。本研究在计算水文因子、水质因子、沉积物重金属等多因子对基于底栖动物的河流栖息地完整性的复合贡献率基础上，运用食物网模型软件，构建基于底栖动物的河流栖息地完整性模型，依据基于底栖动物的河流栖息地完整性指数（B-IRHI）的核心指标，选取不同耐污与敏感类和功能摄食类群的底栖动物物种进行模拟研究。

7.3.1 滦河水系栖息地食物网结构

本研究中的基于底栖动物的河流栖息地完整性模型（BRHIM）以食物网模型软件为手段进行模拟研究。首先构建滦河水系栖息地食物网结构。食物网是描述河流等水生生态系统中各生物及其营养关系的网络，能够反映系统中群落的种间关系和摄食关系。它有助于深入理解生态系统中的物质循环和能量流动格局，认识系统的结构与功能。

根据湖泊、河口、河流等的食物网研究，结合滦河水生生态系统结构、采样调查结果和文献资料，构建滦河水系栖息地食物网结构框架（如图 7-11 所示）。其中，底栖动物的

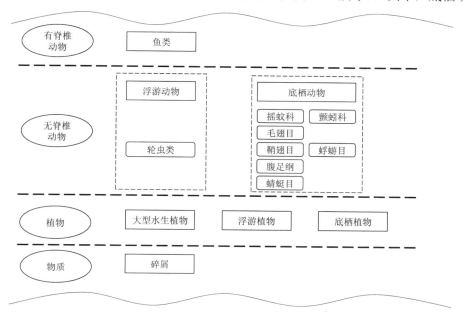

图 7-11　滦河水系栖息地食物网结构框架

选择方面，在 B-IRHI 基础上，依据其核心指标（EPT%、BI 和 C-G%），选取滦河水系底栖动物物种。在选取 EPT 昆虫物种时，由于滦河水系襀翅目生物量很少，故未考虑，选取蜉蝣目和毛翅目作为 EPT 昆虫物种组成。从 BI 出发，选取滦河 3 种耐污优势种：颤蚓科、摇蚊科和腹足纲。从核心指标 C-G%出发，考虑对不同功能摄食类群底栖动物的生物量进行分析。

7.3.2 基于底栖动物的河流栖息地完整性模型方法基础

（1）AQUATOX 食物网模型

基于底栖动物的河流栖息地完整性模型（BRHIM）以 AQUATOX 食物网模型软件为手段，综合考虑水文因子、水质因子和河流水生生态系统，依据基于底栖动物的河流栖息地完整性指数（B-IRHI）的核心指标，模拟分析不同耐污类群和功能摄食类群底栖动物的群落结构和功能变化。

AQUATOX 食物网模型是水生生态系统模拟模型，可预测污染物（如营养素和有机化学品）的环境行为及其对生态系统（包括鱼类、底栖动物和水生植物等）的影响。该模型为生态学、生物学、水质分析及生态风险评价提供定量化工具。该模型可模拟生物量、能量和化学品在不同生态系统层级之间的转移；同时，可计算模拟时间段内的各主要化学过程或生物过程；因此，它是基于过程或机理的模型。该模型不仅可预测生态系统中的化学物质，还可预测其对生物有机体的直接影响和间接影响。因此，它可用于研究水文因子、水质因子与底栖动物之间的响应关系。该模型如图 7-12 所示。

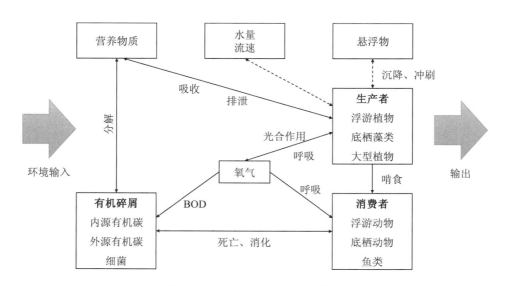

图 7-12 AQUATOX 食物网模型

AQUATOX 模型可应用于河流、湖泊、水库及河口等生态单元类型（Zhang et al., 2014）。它是从一系列模型发展起来的综合模型，模型起源于水生生态系统模型 CLEAN，随后由多个欧洲水文生物实验室研究并不断改进，形成 CLEANER 系列和 LAKETRACE。20 世纪 90 年代，模型重组，形成便于操作的界面系统。AQUATOX1 于 2002 年由美国环境保护局（EPA）首先发布，最新版本为 2014 年发布的 AQUATOX3.1。

（2）河流水动力模型——曼宁公式

河流水体中，水深和流速是计算沉积物输送、冲刷和沉积的关键变量。水深随流量的时间变化而变化。利用曼宁公式来计算水量，水量计算公式如下：

$$\text{Volume} = \left(\frac{Q \times \text{Manning}}{\sqrt{\text{Slope} \times \text{Width}}} \right)^{3/5} \times \text{cLength} \times \text{Width} \tag{7-40}$$

式中：Volume —— 水量，m^3；

　　　Q —— 流量，m^3/s；

　　　Manning —— 曼宁粗糙度系数，$s/m^{1/3}$；

　　　Slope —— 河岸坡度，（°）；

　　　Width —— 河道宽度，m；

　　　cLength —— 河段长度，m。

水量平衡公式如下：

$$\text{Outflow} = \text{Inflow} + \text{Inputs} - \text{Withdrawals} - \Delta\text{Volume} \tag{7-41}$$

式中：Outflow —— 下游边界流量，m^3/d；

　　　Inflow —— 上游边界流量，m^3/d；

　　　Inputs —— 用于流量模型的边界条件，m^3/d；

　　　Withdrawals —— 取水流量，m^3/d；

　　　ΔVolume —— 来自水量模型的前一天水量增加量，m^3/d，可为负值。

7.3.3　食物网生物模型——食物网结构

河流食物网结构主要由生产者、消费者和分解者组成：主要生产者为浮游植物、底栖藻类和大型水生植物；主要消费者为浮游动物、底栖动物和鱼类；主要分解者为微生物（Zhang et al., 2014）。

7.3.4 模型构建数据与验证

AQUATOX 食物网模型属于生态系统模型，能够预测污染物在水生生态系统中的环境行为和生态风险。根据滦河水系 B-IRHI 核心指标及各水生生物优势物种，建立滦河水系食物网模型。模型中水文因子、水质因子和各种群生物量数据来源于野外观测、参考文献和年鉴历史数据。

7.3.4.1 水文水质数据

整理分析滦河 2014 年 10 月—2015 年 9 月采样和监测数据，模型采用的主要水文数据如表 7-9 所示，主要水质数据如表 7-10 所示。水深、流速数据参考《海河流域水文资料》2012 年第 3 卷第 1 册《滦河流域河北沿海诸小河》，包括月平均流量、水深、流速、水温等；主要水质参数由水质仪实测，与文献中数据进行对比（郭丽峰等，2015；荣楠等，2016；张洪等，2015a；张洪等，2015b）。

表 7-9 滦河主要水文数据

水文因子	数值	水文因子	数值
长度/km	888	气温/℃	11.8
面积/m^2	4.47×10^{10}	水温/℃	14.1
水量/亿 m^3	47.9		

表 7-10 滦河主要水质数据

水质因子	均值	水质因子	均值
pH 值	8.45	NO$_3$-N 质量浓度/（mg/L）	1.56
DO/（mg/L）	4.51	TP 质量浓度/（mg/L）	0.95
NH$_3$-N 质量浓度/（mg/L）	1.46		

7.3.4.2 生物数据

（1）生产者群落

河流生产者主要由大型水生植物、浮游植物和底栖藻类组成，是河流食物网结构和功能的基础环节。滦河浮游植物群落中硅藻、绿藻和蓝藻是优势种群，底栖藻类优势种群为硅藻、绿藻和蓝藻。依据 2014 年 10 月—2015 年 9 月的采样结果，滦河浮游藻类和底栖藻类种群组成如表 7-11 和表 7-12 所示。

表 7-11   滦河浮游藻类组成

门	种类数/种	门	种类数/种
蓝藻门	5	硅藻门	35
隐藻门	2	裸藻门	3
甲藻门	1	绿藻门	21
金藻门	1	合计	68

表 7-12   滦河底栖藻类组成

门	种类数/种	门	种类数/种
蓝藻门	3	绿藻门	10
硅藻门	27	合计	40

采样结果表明，滦河共发现浮游植物 7 门 68 种，其中硅藻门物种的种类最多，绿藻门次之，其他几门的种类很少。各样点浮游植物的种类分布差异很大，各门浮游植物均有分布的只有王家楼村 1 个样点，最少的样点仅发现 1 个门的种类（三道河），大多数样点为 3～5 个门的种类；各门浮游植物中只有硅藻门在各样点中均有分布，而且硅藻门的种类也最多。总体上看，浮游植物的细胞密度较低，但也有少数样点（如闪电河和马兰庄镇）浮游植物的细胞密度较高，达到 10^7 个/L。各门浮游植物的细胞密度差异也较大，总体上硅藻的细胞密度相对较高，但有时其他门的种类的细胞密度也很高，如闪电河的隐藻细胞密度最高，达到 827.2×10^4 个/L，占该样点总细胞密度的 71.37%。附表 5 为各样点浮游植物优势种类及其细胞密度，附表 6 为各样点底栖植物优势种类及其细胞密度。

（2）消费者群落

采样结果表明，滦河水系浮游动物由 4 大类 26 种组成，其中原生动物 14 种、轮虫类 7 种、枝角类 3 种、桡足类 2 种（如表 7-13 所示）。其中以原生动物种类最多。底栖动物共采集到 105 种，属于节肢动物、环节动物和软体动物等三大类；其中，优势类群为节肢动物门的昆虫纲，共 33 科 71 属 73 种，占全部种类的 69.5%。滦河水系已知淡水鱼类共有 4 目 21 种，其中鲤形目为 18 种，占总数的 85.7%，是构成滦河淡水鱼的基础，鲑形目、刺鱼目、鲈形目各有 1 种。

表 7-13　滦河浮游动物种类组成

种类	种类数/种	占比/%	种类	种类数/种	占比/%
原生动物	14	54	桡足类	2	7
轮虫类	7	27	合计	26	100
枝角类	3	12			

（3）分解者群落

水生生态系统中的微生物主要包括细菌、真菌和病毒，这些微生物是水生生态系统中的重要组成部分。作为分解者，微生物能影响溶解有机物的形成和消耗、颗粒有机物的溶解与沉降、无机营养盐的形成等过程，在水生生态系统营养盐和物质循环中发挥着无可替代的作用。

7.3.5　模型校正与敏感性分析

（1）模型校正

本研究在控制（Control）条件下，主要运用滦河野外采样调查获得的底栖动物种群生物量数据对所建立的 BRHIM 进行校正。校正 BRHIM 时，采用底栖动物群落生物量模拟值与实测值进行分析，对毛翅目、腹足纲、蜉蝣目、摇蚊科、蜻蜓目、颤蚓科和鞘翅目 7 种底栖动物的实测生物量和模拟生物量进行比较。通过均方根误差（RMSE）和平均绝对误差（MAE）来进行分析。RMSE 或 MAE 值越小，说明模拟值与实测值越接近。计算公式如下：

$$\text{RMSE} = \sqrt{\frac{1}{n}\sum_{i=1}^{n}(O_i - P_i)^2} \tag{7-42}$$

$$\text{MAE} = \frac{1}{n}\sum_{i=1}^{n}\left|O_i - P_i\right| \tag{7-43}$$

式中：O_i —— i 时刻实测值；

　　　P_i —— i 时刻模拟值；

　　　n —— 实测次数。

BRHIM 模拟的滦河水文因子和实测值如图 7-13 所示，底栖动物生物量模拟值和实测值变化情况如图 7-14 所示。可以看出，模型模拟值与实测值拟合良好，BRHIM 生物量模拟值能较好反映滦河各底栖动物的季节性生物量变化规律。误差计算结果如表 7-14 所示，均方根误差（RMSE）范围为 0.003～0.094，平均绝对误差（MAE）范围为 0.002～0.071，证明模拟拟合较好。

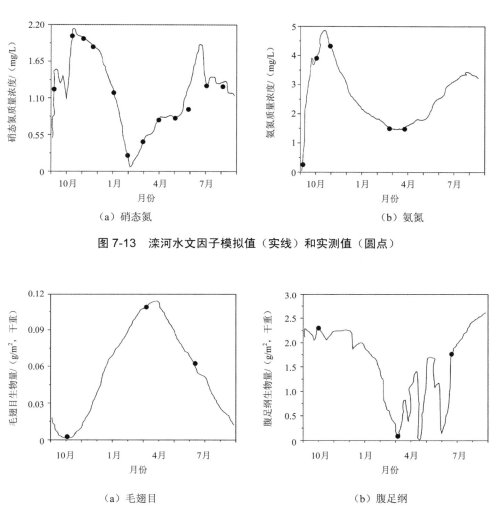

图 7-13　滦河水文因子模拟值（实线）和实测值（圆点）

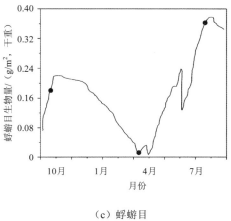

（a）毛翅目

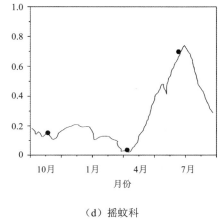

（b）腹足纲

（c）蜉蝣目

（d）摇蚊科

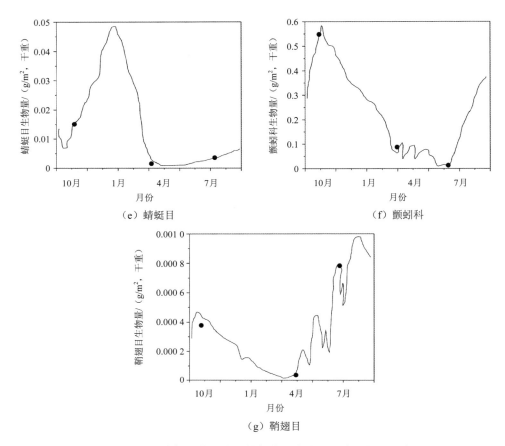

图 7-14 滦河底栖动物生物量模拟值（实线）和实测值（圆点）

表 7-14 BRHIM 验证 RMSE 和 MAE 结果

底栖动物	RMSE	MAE
毛翅目	0.004	0.003
腹足纲	0.074	0.065
蜉蝣目	0.094	0.071
摇蚊科	0.017	0.013
蜻蜓目	0.003	0.002
颤蚓科	0.056	0.051
鞘翅目	0.003	0.002

（2）敏感性分析

　　敏感性分析用于分析数值变化引起的模型输出结果的变化，用于减少输入参数的不确定性，降低输出结果误差，识别出模型中的敏感参数。运用 AQUATOX 食物网模型进行敏感性分析，敏感性分析公式如下：

$$Sensitivity = \frac{\left|Result_{Pos} - Result_{Baseline}\right|\left|Result_{Neg} - Result_{Baseline}\right|}{2 \cdot \left|Result_{Baseline}\right|} \cdot \frac{100}{PctChanged} \qquad (7-44)$$

式中：Sensitivity —— 标准化敏感性统计，%；

Result —— 给定输入参数变化产生的输出结果（Pos 为正向，Neg 为负向，Baseline 为无）变化；

PctChanged —— 输入参数正向调整或负向调整的百分比。

分析水文因子和水质因子对清洁种（蜉蝣目和毛翅目）和耐污种（腹足纲、摇蚊科和颤蚓科）生物量的敏感性。分析 PctChanged 为 10 的敏感性，即水文因子和水质因子变化 10%对底栖动物生物量产生的影响。

水文因子的敏感性分析结果如图 7-15（清洁种）和图 7-16（耐污种）所示。从清洁种敏感性分析结果可以看出，对蜉蝣目，河道坡度（Slope，17.7%）和水池占比（Percent Pool，10.3%）敏感性最大；对毛翅目，河道坡度（Slope，30.1%）敏感性最大。从耐污种敏感性分析结果可看出，腹足纲生物量敏感性较大的水文因子为河道坡度（Slope，26.6%）和平均深度（Mean Depth，5.4%）；摇蚊科生物量较敏感的水文因子为浅滩急流占比（Percent Riffle，87.8%）、河道坡度（Slope，31.8%）和平均深度（Mean depth，3.81%）；颤蚓科生物量较敏感的水文因子为河道坡度（Slope，29.5%）、浅滩急流占比（Percent Riffle，5.27%）、水池占比（Percent Pool，3.61%）和平均深度（Mean Depth，1.96%）。因此，底栖动物生物量对河道坡度、水池占比、浅滩急流占比及平均深度等水文因子的敏感性较高。

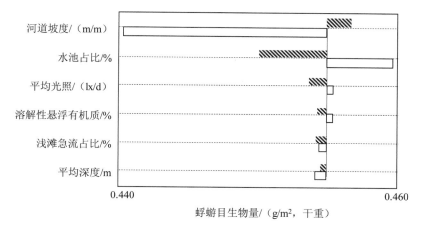

（a）蜉蝣目

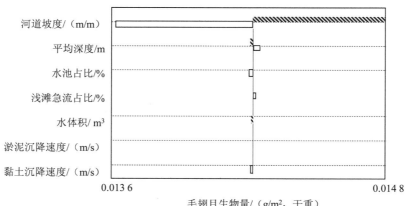

（b）毛翅目

图 7-15　水文因子对清洁种生物量的敏感性分析结果

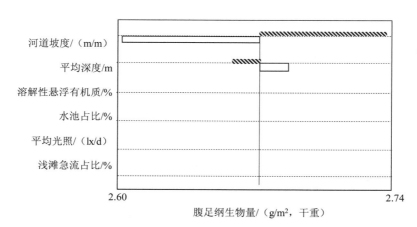

（a）腹足纲

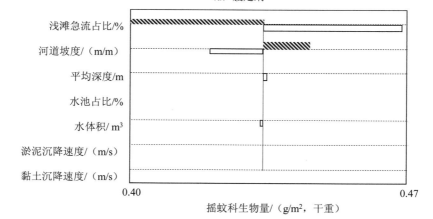

（b）摇蚊科

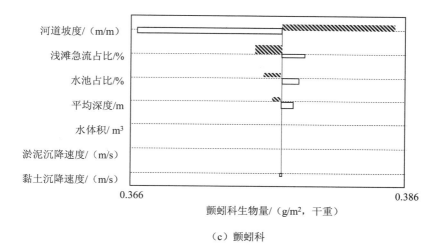

（c）颤蚓科

图 7-16　水文因子对耐污种生物量的敏感性分析结果

水质因子的敏感性分析结果如图 7-17（清洁种）和图 7-18（耐污种）所示。从清洁种的水质因子敏感性分析结果可看出，对蜉蝣目，氨氮、溶解氧、总磷和硝态氮的敏感性较大（1.32%～2.05%）；对毛翅目，硝态氮、二氧化碳和沉积物难降解有机质敏感性较大（0.502%～0.704%）。对耐污种的敏感性分析结果表明，对腹足纲，总磷、氨氮、硝态氮敏感性较大（0.103%～0.251%）；对摇蚊科，溶解氧、氨氮、总磷敏感性较大（2.86%～3.69%）；对颤蚓科，沉积物难降解有机质和总磷敏感性较大（0.251%～0.345%）。因此，各底栖动物生物量对氨氮、硝态氮、溶解氧、总磷和沉积物难降解有机质等水质因子的敏感性最大。

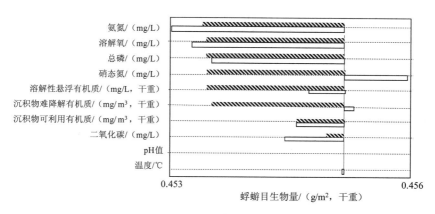

（a）蜉蝣目

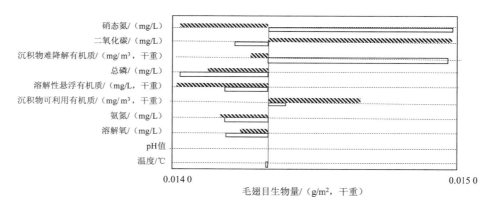

（b）毛翅目

图 7-17　水质因子对清洁种生物量的敏感性分析结果

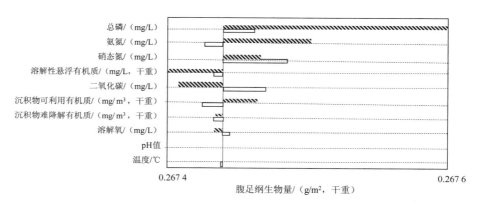

（a）腹足纲

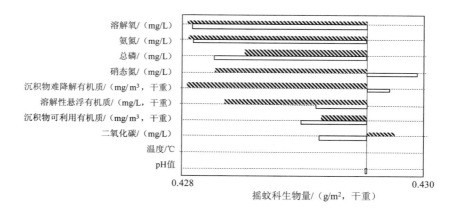

（b）摇蚊科

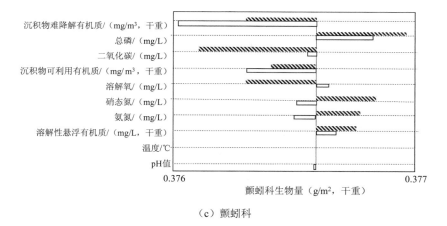

（c）颤蚓科

图 7-18　水质因子对耐污种生物量的敏感性分析结果

7.4　基于底栖动物的河流栖息地完整性模拟与预测

7.4.1　底栖动物生物量季节性变化

运用 BRHIM 模拟的底栖动物总生物量季节性变化如图 7-19 所示。模拟的各物种生物量均值及范围如表 7-15 所示。可以看出，底栖动物生物量主要由腹足纲决定。

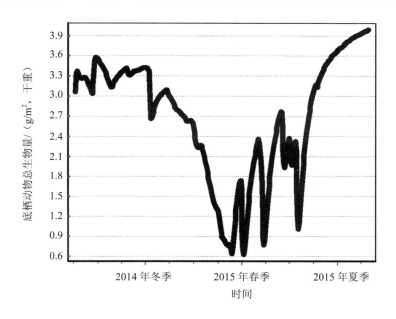

图 7-19　滦河底栖动物总生物量随时间的变化

表 7-15　模拟的底栖动物生物量均值及范围　　　　　　　单位：g/m², 干重

底栖动物	均值	最大值	最小值
毛翅目	0.057	0.114	0.002
腹足纲	1.734	2.674	0.219
蜉蝣目	0.199	0.438	0.029
摇蚊科	0.389	0.773	0.169
蜻蜓目	0.017	0.050	0.002
颤蚓科	0.259	0.624	0.030
鞘翅目	0.003	0.007	0.000 02

从底栖动物生物量季节性变化可以看出，底栖动物生物量季节性差异较大，均值为 2.683 g/m²，范围为 0.630～3.995 g/m²。其中，冬季（3.49 g/m²）＞夏季（2.75 g/m²）＞春季（1.47 g/m²）。而前面计算得出，基于底栖动物的河流栖息地完整性指数（B-IRHI）的季节性变化规律为夏季＞春季＞秋季。由于生物量比重较大的腹足纲耐污性较强，而 B-IRHI 中主要对物种组成结构和数量进行分析，考虑物种多样性、耐污与敏感性和功能摄食性，因此评价结果反映底栖动物的不同方面。

7.4.2　EPT 昆虫生物量变化

已建立的 B-IRHI 核心指标中包含 EPT%，即蜉蝣目、毛翅目和襀翅目 3 个目的敏感物种个体数量之和的占比。由于滦河水系襀翅目数量和生物量极少，BRHIM 中主要模拟研究滦河水系蜉蝣目和毛翅目的生物量变化。结果表明，蜉蝣目生物量均值为 0.199 g/m²，范围为 0.029～0.438 g/m²；毛翅目生物量均值为 0.057 g/m²，范围为 0.002～0.114 g/m²。BRHIM 模拟 EPT 昆虫的生物量变化如图 7-20 所示。

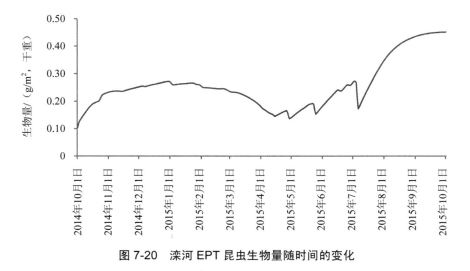

图 7-20　滦河 EPT 昆虫生物量随时间的变化

7.4.3 耐污种生物量变化

B-IRHI 的核心指标包括耐污指数（BI），BRHIM 中耐污种主要包括颤蚓科、摇蚊科和腹足纲，其生物量变化如图 7-14 所示。

7.5 滦河流域河流栖息地完整性恢复

7.5.1 水系纵向栖息地恢复

滦河水系上中下游 B-IRHI 计算结果和分级如表 7-16 所示。可以看出，整体上滦河栖息地完整性处于"极差"到"良"。其中，中游栖息地完整性最高，且"良"的点位均位于中游。下游点位均处于"极差"和"差"。上游 L2 点位为"极差"，且指数值最低，因此上游均值最低。

表 7-16　滦河水系上中下游 B-IRHI 结果与分级

河段	均值	最小值	最大值	等级占比/%				
				优	良	中	差	极差
上游	0.26	0.12	0.56	0	0	20	40	40
中游	0.56	0.31	0.79	0	38	38	38	0
下游	0.28	0.15	0.38	0	0	0	75	25

7.5.2 水系和河段季节性恢复

7.5.2.1 季节性栖息地完整性和生物量

总体上看，水系 B-IRHI 的季节性规律为夏季＞春季＞秋季。而 BRHIM 模拟的底栖动物总生物量季节性变化规律为冬季（3.49 g/m²）＞夏季（2.75 g/m²）＞春季（1.47 g/m²）。由此可知，秋季底栖动物生物量较高，而夏季河流栖息地完整性较高。其中，栖息地完整性较高的河段主要为中游河段，生物量较大的物种主要为腹足纲。上游、中游、下游季节性栖息地完整性均为夏季最高，而下游河段栖息地完整性季节变化最大，春季栖息地完整性最低，最低点位为 L16 王家楼村。

7.5.2.2 水文因子和水质因子对栖息地完整性恢复的影响

从水文因子和水质因子对栖息地完整性的贡献率看，水质因子贡献率总体大于水文因子贡献率。但两因子复合贡献率较高。其中，BRHIM 的模拟结果表明，底栖动物生物量随水深变化，适宜水深范围为 0.5～1.0 m。同时，土地利用及多样性指数分析表明，漫滩洪泛时间比例与河流栖息地完整性有负相关关系。因此，为保证河流栖息地完整性，应减少人为调控和闸坝放水时间，保障底栖动物适宜水深。

耐污指数是 B-IRHI 的核心指标。可以看出，在保证栖息地完整性过程中，在多样性恢复基础上，清洁种的恢复有助于提高栖息地完整性。由 BRHIM 模拟的滦河水系清洁种 EPT 昆虫生物量干重均值为 0.257 g/m²，范围为 0.104～0.451 g/m²。17 个点位的 EPT 昆虫生物量如图 7-21 所示。

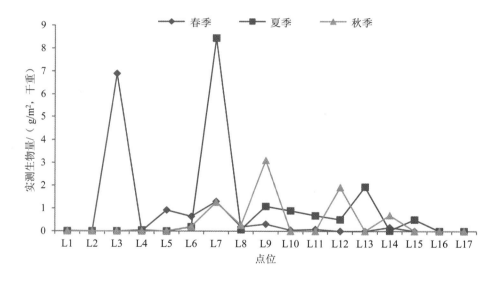

图 7-21 滦河 17 个点位不同季节 EPT 昆虫生物量

7.5.3 河段基质多样性恢复

对不同基质河段类型的 B-IRHI 分析表明，栖息地完整性指数为石质型河段＞混合型河段＞泥质型河段。其中，泥质型河段耐污类比重较大，而石质型河段敏感物种较多。根据环境因子对栖息地完整性的贡献率分析，水深、流速、溶解氧和 pH 值等环境因子对不同基质类型河段的栖息地完整性均有较大影响（如表 7-17 所示）。

表 7-17　水系和河段影响栖息地完整性的主要环境因子

水系和河段		环境因子	水文因子	水质因子
水系	春季	TDS>Re>电导率	Re>v>Fr	T>pH 值>电导率
	夏季	DO>s>v	s>v>Re	NTU>DO>Sal
	秋季	Chl>pH 值>s	s>d>BSS	Chl>pH 值>DO
河段	泥质型	v>s>pH 值	v>s>BSS	T>pH 值>DO
	石质型	v>DO>pH 值	Bw/Bf>Bw>v	T>NTU>电导率>TDS
	混合型	DO>v>d	Re>v>Fr	DO>NH_4^+>Chl>NH_3

7.5.4　基于 STEM 模型分析的漫滩植被恢复

漫滩植被被称为漫滩栖息地的"一面镜子"，由于受水文、土壤、生物等多种要素的综合作用，在某种程度上反映了栖息地的状态，为鸟类、昆虫、微生物等提供了栖息的场所，并且在稳固河岸、过滤污染、拦截泥沙、滞留洪水、补给地下水、净化水体等生态服务功能方面发挥着重要作用。漫滩植被的特点是受到边缘效应的影响，因此生物多样性丰富，通常具备湿生、中生、旱生等多种植被类型。漫滩植被所起到的缓冲作用主要体现在 3 个方面：①减小岸带一侧的水体流动速度，降低水力对岸带的侵蚀程度；②植被的根系对自然岸带的固化作用有助于提高河岸的稳定性；③防止河流中的漂浮物、洪水作用等对岸带的伤害。

闸坝运行、土地利用方式改变等人为干扰对漫滩植被的分布和演替格局产生了重要影响。本研究分析了闸坝、土地利用方式对漫滩植被的影响后果，并提出了水位波动下的种群动态演替模型——STEM 模型，对种群动态进行了模拟。以上研究的成果为面向漫滩植被恢复的管理提供了可靠的科学依据。

闸坝、土地利用方式对漫滩植被影响分析的结果表明漫滩植被管理应当从以下方面进行：①应当针对漫滩植被进行流域、生态分区、河段多尺度全层次的调查，根据外来植物入侵指数的计算结果，确定本流域漫滩需重点防范的外来入侵植物。②鉴于小型水库也对水文情势产生了重要的影响，因此在闸坝运行的管理方面，应当注重各级别水库的影响后果。特别是在水库下游植被盖度降低和植被斑块破碎化严重的区域，表明水库对漫滩植被产生了严重影响。应当进行生态调度以降低这种负面影响。③土地利用方式的影响表明，在受到人为干扰（城市、放牧、农业）的漫滩与河流之间设置自然缓冲带对保护本地植物的丰度和盖度、防止外来植物入侵具有重要意义。特别应当重视的是城市用地（包括城镇和村庄）附近的漫滩植被恢复，以及农业用地的植被斑块破碎化问题。

STEM 模型将关注对象从整个群落转移到同龄种群，该模型将种群演替过程划分为种群形成、种群衰退两个过程，并加入了时间因子，从而利用两个相继的随机过程，对潜水位变化下的漫滩植被的演替过程给出了解析描述。由于其中随机过程存在马尔科夫性，因此可以利用计算机程序对复杂的非平稳的水文情势过程进行模拟和预测。该模型考虑了全生命周期中漫滩植被对水文条件的耐受性差异，可以通过两个相继的随机过程考虑季节流的非稳定性，其求解过程描述了漫滩植被的时间演化，通过标定参数给出了模拟结果。STEM 模型的模拟结果揭示的主要规律及对漫滩植被恢复的启示如下。①种群的演化规律为：在种群形成阶段，低年龄种群的物种丰度在初始阶段下降最快，年龄越大，物种丰度随时间推进的下降越慢；在种群衰退阶段，高年龄种群的丰度下降最快，年龄越小，物种丰度随时间推进的下降越慢。该模型揭示了不同年龄种群对水位耐受性的变化规律。②针对种群形成阶段的漫滩植被，为保证建群种的丰度，应当在率定该物种对水位波动阈值的基础上，尽量满足建群种对水位阈值的需求；针对种群已形成的稳定阶段的漫滩植被，应当依据现有水位及预测水位，应用 STEM 模型的模拟结果，分析适宜于恢复目标的水位；针对种群衰退阶段的漫滩植被，为保证新建种群的生成，应当利用模型模拟最适宜幼苗期物种生长的水位值，以增加种群重新建立的概率和速度。③利用 STEM 模型可以模拟不同物种在水位波动下的种群动态过程，可以基于现状水位及未来水位下的预测，模拟长时间序列种群动态变化。因此，该模型的应用在漫滩植被恢复层面具有重要的科学意义和实用意义。

7.6　小结

本章提出 STEM 模型，并对其进行了求解。在该模型中，描述了群落的时间演替格局，因此将同龄群落作为建模对象，建立了具有明确生态学意义的随机过程描述。同时，本章运用食物网模型，综合考虑水文因子和水质因子与水生生态系统之间的响应关系，通过综合采样调查和文献调研，分析滦河水文、水质和生物数据，根据滦河优势物种和 B-IRHI 核心指标构建滦河水系栖息地食物网结构，运用 AQUATOX 食物网模型构建基于底栖动物的河流栖息地完整性模型（BRHIM），模拟了滦河底栖动物生物量变化和 0.25～1.50 m 不同水深条件下底栖动物生物量变化，主要结论如下：

①针对种群形成阶段的漫滩植被，应当在率定该物种对水位波动阈值的基础上，尽量满足建群种对水位阈值的需求；针对种群已形成的稳定阶段的漫滩植被，应当依据现有水位及预测水位，应用 STEM 模型的模拟结果，分析适宜于恢复目标的水位；针对种群衰退阶段的漫滩植被，为保证新建群种的生成，应当利用模型模拟最适宜幼苗期物种生长的水位值，以增加种群重新建立的概率和速度。

②BRHIM 模拟底栖动物生物量随水深变化的结果及土地利用多样性指数的分析表

明，为保证河流栖息地完整性，应减少人为调控和闸坝放水时间，保障底栖动物适宜水深（0.5～1.0 m）。同时，在多样性恢复基础上，应提高水质，重点保护清洁种（如 EPT 昆虫等）生物量，有助于恢复栖息地完整性。

③运用 BRHIM 模拟滦河底栖动物生物量变化，发现总生物量主要由腹足纲决定；运用 BRHIM 模拟 0.25～1.50 m 不同水深条件下底栖动物生物量变化，发现 0.5～1.0 m 总生物量较高，其中腹足纲、蜉蝣目和颤蚓科在该水深下生物量也较高，其他物种生物量受水深影响较小。

第 8 章　结论与展望

8.1　主要结论

①对滦河流域植物群落和底栖动物群落分布格局进行分析。滦河流域植物大类为灌丛、阔叶林、针叶林、草原、草丛、草甸、栽培植被、沼泽等，共识别 50 科 93 属 219 种植物，优势科系主要为菊科（42 种）、禾本科（32 种）、蓼科（12 种）、豆科（11 种）和蔷薇科（11 种）等。滦河水系底栖动物共 105 种，其中节肢动物、环节动物和软体动物所占比例分别为 72.4%、17.1% 和 9.5%，优势类群为节肢动物门的昆虫纲，占全部种类的 69.5%。

②对滦河闸坝水文生态效应进行科学评价。各水库对水文情势的影响程度为潘家口水库＞桃林口水库＞闪电河水库＞庙宫水库，水库的水文效应同时受其级别（库容）和河流原始径流量的影响，水库强烈改变自然水文情势。闸坝对污染物质和营养物质具有截留作用，闪电河水库、庙宫水库下游沉积物重金属、TN、TP、TOC 的含量低于上游。闸坝显著影响植物群落，闪电河水库、庙宫水库上下游主要在外来植物物种丰度、外来植物物种盖度、本地植物物种盖度、总盖度、Fisher's α 多样性指数等指标上存在显著差异，造成了下游植被斑块破碎化。

③基于底栖动物构建河流栖息地完整性评价模型（B-IRHI），筛选的核心指标为 EPT%、BI 和 C-G%。进而对滦河水系河流栖息地完整性进行评价与分级，滦河 B-IRHI 均值为 0.41（范围为 0.12~0.79），总体处于"中"；其中"优"为 0，"良"占 17.6%，"中"占 23.5%，"差"占 41.2%，"极差"占 17.6%。

④探究水文因子、水质因子和沉积物重金属含量对河流岸带湿地栖息地完整性的复合贡献率，发现水文因子、水质因子和沉积物重金属含量对河流底栖动物栖息地完整性的贡献率为水质因子＞沉积物重金属含量＞水文因子，水质因子对 B-IRHI 的贡献率总体上高于水文因子。对 B-IRHI 的多因子复合贡献率在春季最大，而在夏季最小，春季多因

子复合贡献率对 B-IRHI 响应较敏感，随 B-IRHI 增加而增大，呈线性关系；在夏季和秋季呈非线性关系，多因子复合贡献率受水动力条件影响会出现零值。

⑤通过构建植被种群动态模型，揭示了不同年龄种群对水位耐受性的变化规律。种群的演化规律为：在种群形成阶段，低年龄种群的物种丰度在初始阶段下降最快；年龄越大，物种丰度随时间推进的下降越慢。在种群衰退阶段，高年龄种群的丰度下降最快；年龄越小，物种丰度随时间推进的下降越慢。

⑥建立了河流底栖动物栖息地完整性模型（BRHIM），模拟复合效应下底栖动物生物量季节性变化。综合考虑 B-IRHI 的核心指标（EPT%、BI 和 C-G%），对清洁种和耐污种生物量进行模拟。底栖动物总生物量主要由耐污种腹足纲决定，底栖动物生物量对河道坡度、水池占比、浅滩急流占比及平均深度等水文因子较敏感，对氨氮、硝态氮、溶解氧、总磷和沉积物难降解有机质等水质因子的敏感性较大。运用 BRHIM 模拟不同水深条件下底栖动物生物量变化，结果表明底栖动物的适宜水深为 0.5～1 m，其中腹足纲、蜉蝣目和颤蚓科在该水深下生物量较高，其他物种生物量受水深影响较小。

8.2 展望

本研究建立了基于底栖动物的河流栖息地完整性模型（BRHIM）和表征自然水文情势变化下植被种群演替过程的 STEM 模型，揭示了河流栖息地完整性的时空变化规律和人类活动影响下岸带湿地植物群落的演替过程。然而，由于缺乏全面系统的水环境和水生态监测数据，同时受研究资料限制，仅以海河流域典型子流域为例开展了研究，有待于在流域尺度和长时间序列下的验证，希望未来通过多学科和多管理部门的共同攻关，解决如下科学难题：

①在栖息地的保护方面，缺乏不同监测部门的数据共享与系统分析，亟待开展流域尺度下湿地栖息地完整性数据库构建与大数据深度分析，以探明湿地栖息地退化机制和关键影响因子变化规律；在河流常规水文监测基础上，考虑岸带结构和流量多样性，关注栖息地结构和功能的影响因素，以综合反映栖息地的多样性和复杂性。

②由于对湿地生态系统结构与功能之间的关系缺乏定量的描述，栖息地生态恢复研究应从关注结构与功能指标转向对生态过程的研究，从静态评估转向动态预警及预测，进一步阐明水文因子和环境因子对栖息地完整性的复合影响机理，并结合原位和室内控制实验，探究多因子对栖息地指示生物的复合作用机理。

③自然界中往往是两种甚至多种干扰共同影响湿地栖息地完整性，因此如何剔除干扰因素、深入机理分析、定量化分析对栖息地完整性的多重干扰将是未来的研究重点。

现已开发的所有模型具有模拟自然干扰和人为干扰的潜力，但是仍然未能准确面向流域湿地栖息地的管理。基于科学的分析结论，将理论模型进一步开发为直接面向应用和管理的模型，对栖息地保护乃至流域管理都将有着深远意义。

附 录

附表 1 滦河植物名录

编号	种名	种拉丁名	类型
1	节节草	*Equisetum ramosissimum* Desf.	本地
2	旱柳	*Salix matsudana*	本地
3	葎草	*Humulus scandens*（Lour.）Merr.	本地
4	柳叶刺蓼	*Polygonum bungeanum* Turcz.	本地
5	萹蓄	*Polygonum aviculare* Linn.	本地
6	巴天酸模	*Rumex patientia* Linn.	本地
7	地肤	*Kochia scoparia*（Linn.）Schrad.	本地
8	灰绿藜	*Chenopodium glaucum* Linn.	本地
9	尖头叶藜	*Chenopodium acuminatum* Linn.	本地
10	藜	*Chenopodium serotinum* Linn.	本地
11	猪毛菜	*Salsola collina* Linn.	本地
12	马齿苋	*Portulaca oleracea* Linn.	本地
13	石龙芮	*Ranunculus sceleratus* Linn.	本地
14	独行菜	*Lepidium apetalum* Linn.	本地
15	球果蔊菜	*Rorippa globoxa* Linn.	本地
16	沼生蔊菜	*Rorippa islandica* Linn.	本地
17	芝麻菜	*Eruca sativa* Linn.	本地
18	菊叶委陵菜	*Potentilla tanacetifolia* Willd. ex Schlecht	本地
19	鹅绒委陵菜	*Potentilla anserina* Linn.	本地
20	朝天委陵菜	*Potentilla supina* Linn.	本地
21	达乌里胡枝子	*Lespedeza davurica*（Laxm.）Schindl.	本地
22	野大豆	*Glycine soja* Sieb. et Zucc.	本地
23	通奶草	*Euphorbia hypericifolia* Linn.	本地
24	铁苋菜	*Acalypha australis* Linn.	本地
25	柽柳	*Tamarix chinensis* Lour.	本地
26	水芹	*Oenanthe javanica*（Bl.）DC.	本地
27	萝藦	*Metaplexis japonica*（Thunb.）Makino	本地
28	茜草	*Rubia cordifolia* Linn.	本地
29	鹤虱	*Lappula myosotis* Moench Linn.	本地

编号	种名	种拉丁名	类型
30	荆条	*Vitex negundo* Linn. var. *heterophylla*（Franch.）Rehd.	本地
31	荇菜	*Nymphoides peltatum*（Gmel.）O.Kuntze	本地
32	益母草	*Leonurus artemisia*（Lour.）S. Y. Hu	本地
33	薄荷	*Mentha haplocalyx* Briq.	本地
34	大车前	*Plantago major* Linn.	本地
35	平车前	*Plantago depressa* Willd.	本地
36	旋覆花	*Inula japonica* Thunb.	本地
37	欧亚旋覆花	*Inula britanica* Linn.	本地
38	苍耳	*Xanthium sibiricum* Patrin ex Widder.	本地
39	蒌蒿	*Artemisia selengensis* Turcz. ex Bess.	本地
40	野艾蒿	*Artemisia lavandulaefolia* DC.	本地
41	茵陈蒿	*Artemisia capillaris* Thunb.	本地
42	刺儿菜	*Cirsium setosum*（Willd.）MB.	本地
43	大刺儿菜	*Cephalanoplos setosum*（Willd.）Kitam.	本地
44	蒲公英	*Taraxacum mongolicum* Hand.-Mazz.	本地
45	芥叶蒲公英	*Taraxacum brassicaefolium* Kitag.	本地
46	泽泻	*Alisma plantago-aquatica* Linn.	本地
47	芦苇	*Phragmites australis*（Cav.）Trin. ex Steud.	本地
48	纤毛鹅观草	*Roegneria ciliaris*（Trin.）Nevski	本地
49	虎尾草	*Chloris virgata* Sw.	本地
50	菵草	*Beckmannia syzigachne*（Steud.）Fern.	本地
51	假苇拂子茅	*Calamagrostis pseudophragmites*（Hall. F.）Koel.	本地
52	假稻	*Leersia japonica*（Makino）Honda	本地
53	马唐	*Digitaria sanguinalis*（Linn.）Scop.	本地
54	毛马唐	*Digitaria ciliaris*（Retz.）Koel.	本地
55	长芒稗	*Echinochloa caudata* Roshev.	本地
56	稗	*Echinochloa crusgali*（Linn.）Beauv.	本地
57	狗尾草	*Setaria viridis*（Linn.）Beauv.	本地
58	荩草	*Arthraxon hispidus*（Trin.）Makino	本地
59	浮萍	*Lemna minor* Linn.	本地
60	球穗扁莎	*Cyperus globosus* Retz.	本地
61	蔍草	*Scirpus triqueter* Linn.	本地
62	扁秆蔍草	*Scirpus planiculmis* Fr. Schmidt	本地
63	水葱	*Scirpus validus* Vahl	本地
64	细叶苔草	*Carex stenophylloides* V. Krecz.	本地
65	地榆	*Sanguisorba offcinalis* L.	本地
66	针蔺	*Eleocharis congesta* D.Don ssp.	本地
67	天蓝苜蓿	*Medicago lupulina* Linn.	本地

编号	种名	种拉丁名	类型
68	达乌里黄耆	*Astragalus dahuricus*（Pall.）DC.	本地
69	苣荬菜	*Sonchus arvensis* Linn.	本地
70	猪殃殃	*Galium aparine* Linn.	本地
71	野古草	*Arundinella anomala* Stend.	本地
72	大萼委陵菜	*Potentilla conferta* Bge.	本地
73	草木樨	*Melilotus suaveolens* Ledeb.	本地
74	天仙子	*Hyoscyamus niger* Linn.	本地
75	鹅观草	*Roegneria kamoji* Ohwi	本地
76	无芒雀麦	*Bromus inermis* Layss.	本地
77	䔄草	*Phalaris arundinacea* Linn.	本地
78	草地风毛菊	*Saussurea amara*（Linn.）DC.	本地
79	日本风毛菊	*Saussurea japonica*（Thunb.）DC.	本地
80	披碱草	*Elymus dahuricus* Turcz.	本地
81	二裂委陵菜	*Potentilla bifurca* Linn.	本地
82	圆叶碱毛茛	*Ranunculus cymbalaria* Pursh	本地
83	大籽蒿	*Artemisia sieversiana* Ehrhart ex Willd.	本地
84	缘毛鹅观草	*Roegneria pendulina* Nevski	本地
85	蛇床	*Cnidium monnieri*（Linn.）Cuss.	本地
86	花苜蓿	*Medicago ruthenica*（Linn.）Trautv.	本地
87	京黄芩	*Scutellaria pekinensis* Maxim.	本地
88	旱麦瓶草	*Silene jenisseensis* Willd.	本地
89	直立黄耆	*Astragalus adsurgens* Pall.	本地
90	细叶益母草	*Leonurus sibiricus* Linn.	本地
91	节节菜	*Rotala indica*（Willd.）Koehne	本地
92	蒌蒿	*Artemisia selengensis* Turcz. ex Bess. var. *selengensis*	本地
93	光稃茅香	*Hierochloe glabra* Trin.	本地
94	中华隐子草	*Cleistogenes chinensis*（Maxim.）Keng	本地
95	碱地蒲公英	*Taraxacum borealisinense* Kitam.	本地
96	酸模叶蓼	*Polygonum lapathifolium* Linn.	本地
97	播娘蒿	*Descurainia sophia*（Linn.）Webb ex Prantl	本地
98	白茅	*Imperata cylindrica*（Linn.）Beauv.	本地
99	千屈菜	*Lythrum salicaria* Linn.	本地
100	赖草	*Leymus secalinus*（Georgi）Tzvel.	本地
101	问荆	*Equisetum arvense* Linn.	本地
102	小糠草	*Agrostis gigantea* Roth	本地
103	水麦冬	*Triglochin palustre* Linn.	本地
104	糠稷	*Panicum bisulcatum* Thunb.	本地
105	西伯利亚蓼	*Polygonum sibiricum* Laxm.	本地

编号	种名	种拉丁名	类型
106	魁蓟	*Cirsium leo* Nakai et Kitag.	本地
107	繁缕	*Stellaria media*（Linn.）Villars	本地
108	蒙古蒿	*Artemisia mongolica*（Fisch. ex Bess.）Nakai	本地
109	毛茛	*Ranunculus japonicus* Thunb.	本地
110	辣蓼	*Polygonum hydropiper* Linn.	本地
111	沼生繁缕	*Stellaria palustris* Retzius	本地
112	湿地勿忘草	*Myosotis caespitosa* Schultz	本地
113	鼠掌老鹳草	*Geranium sibiricum* Linn.	本地
114	垂果南芥	*Arabis pendula* Linn.	本地
115	地笋	*Lycopus lucidus* Turcz.	本地
116	烟管蓟	*Cirsium pendulum* Fisch. ex DC.	本地
117	蔓茎蝇子草	*Silene repens* Patr.	本地
118	榆树	*Ulmus pumila* Linn.	本地
119	牛蒡	*Arctium lappa* Linn.	本地
120	泽芹	*Sium suave* Walt.	本地
121	冬葵	*Malva crispa* Linn.	本地
122	油菜	*Brassica campestris* Linn.	本地
123	老芒麦	*Elymus sibiricus* Linn.	本地
124	迷果芹	*Sphallerocarpus gracilis*（Bess.）K.-Pol.	本地
125	广布野豌豆	*Vicia cracca* Linn.	本地
126	细灯芯草	*Juncus gracillimus*（Buchen.）V.Krecz et Gontsch.	本地
127	小叶杨	*Populus simonii* Carr.	本地
128	蒙山莴苣	*Mulgedium tataricum*（Linn.）DC.	本地
129	泽兰	*Eupatorium japonicum* Thunb.	本地
130	艾蒿	*Artemisia argyi* Levl. et Vant.	本地
131	华水苏	*Stachys chinensis* Bunge ex Benth.	本地
132	鸭跖草	*Commelina communis* Linn.	本地
133	龙葵	*Solanum nigrum* Linn.	本地
134	马兰	*Kalimeris indica*（Linn.）Sch.-Bip.	本地
135	腺柳	*Salix chaenomeloides* Kimura.	本地
136	小黄花菜	*emerocallis minor* Mill.	本地
137	黄花蒿	*Artemisia annua* Linn.	本地
138	水杨梅	*Geum aleppicum* Jacq.	本地
139	红蓼	*Polygonum orientale* Linn.	本地
140	小花鬼针草	*Bidens parviflora* Willd.	本地
141	止血马唐	*Digitaria ischaemum*（Schreb.）Schreb.	本地
142	加拿大杨	*Populus×canadensis* Moench.	本地
143	牵牛	*Pharbitis nil*（Linn.）Choisy	本地

编号	种名	种拉丁名	类型
144	角蒿	*Incarvillea sinensis* Lam.	本地
145	蒺藜	*Tribulus terrester* Linn.	本地
146	阿尔泰狗娃花	*Heteropappus altaicus*（Willd.）Novopokr.	本地
147	扯根菜	*Penthorum chinense* Pursh	本地
148	黄颖莎草	*Cyperus microiria* Steud.	本地
149	狼把草	*Bidens tripartita* L.	本地
150	狭叶荨麻	*Urtica angustifolia* Fisch. ex Hornem.	本地
151	飞廉	*Carduus nutans* Linn.	本地
152	地梢瓜	*Cynanchum thesioides*（Freyn）K. Schum.	本地
153	长萼鸡眼草	*Kummerowia stipulacea*（Maxim.）Makino	本地
154	翼果苔草	*Carex neurocarpa* Maxim.	本地
155	藿香	*Agastache rugosa*（Fisch. et Mey.） O. Ktze.	本地
156	雪见草	*Salvia plebeia* R. Br.	本地
157	黄花龙牙	*Patrinia scabiosaefolia* Fisch.	本地
158	北水苦荬	*Veronica anagallisaquatica* Linn.	本地
159	小香蒲	*Typha minima* Funk.	本地
160	小画眉草	*Eragrostis minor* Host.	本地
161	地锦草	*Euphorbia humifusa* Willd.	本地
162	鳢肠	*Eclipta prostrata* Linn.	本地
163	长鬃蓼	*Polygonum longisetum* De Br.	本地
164	草地早熟禾	*Poa pratensis* Linn.	本地
165	金狗尾草		本地
166	稗草		本地
167	大麻	*Cannabis sativa* Linn.	外来
168	杂配藜	*Chenopodium hybridum* Linn.	外来
169	铺地藜	*Chenopodium pumilio* R.Br.	外来
170	合被苋	*Amaranthus polygonoides* Linn.	外来
171	反枝苋	*Amaranthus retroflexus* Linn.	外来
172	皱果苋	*Amaranthus viridis* Linn.	外来
173	苋	*Amaranthus tricolor* Linn.	外来
174	尾穗苋	*Amaranthus caudatus* Linn.	外来
175	凹头苋	*Amaranthus blitum* Linn.	外来
176	夜香紫茉莉	*Mirabilis nyctaginea* Linn.	外来
177	小花山桃草	*Gaura parviflora* Linn.	外来
178	无瓣繁缕	*Stellaria pallida* Linn.	外来
179	刺槐	*Robinia pseudoacacia* Linn.	外来
180	含羞草	*Mimosa pudica* Linn.	外来
181	红花酢浆草	*Oxalis corymbosa* Linn.	外来

编号	种名	种拉丁名	类型
182	野老鹳草	*Geranium carolinianum* Linn.	外来
183	大地锦草	*Euphorbia nutans* Linn.	外来
184	蓖麻	*Ricinus communis* Linn.	外来
185	野西瓜苗	*Hibiscus trionum* Linn.	外来
186	苘麻	*Abutilon theophrasti* Linn.	外来
187	田旋花	*Convolvulus arvensis* Linn.	外来
188	圆叶牵牛	*Pharbitis purpurea*（Linn.）Voigt	外来
189	裂叶牵牛	*Pharbitis hederacea* Linn.	外来
190	马樱丹	*Lantana camara* Linn.	外来
191	曼陀罗	*Darura stramonium* Linn.	外来
192	毛曼陀罗	*Datura innoxia* Linn.	外来
193	刺萼龙葵	*Solanum rostratum* Linn.	外来
194	灯笼草	*Physalis angulate* Linn.	外来
195	刺果瓜	*Sicyos angulatus* Linn.	外来
196	长叶车前	*Plantago lanceolate* Linn.	外来
197	芒苞车前	*Plantago aristata* Linn.	外来
198	豚草	*Ambrosia artemisiifolia* Linn.	外来
199	钻叶紫菀	*Aster subulatus* Linn.	外来
200	小蓬草	*Conyza canadensis* Linn.	外来
201	野茼蒿	*Crassocephalum crepidioides* Linn.	外来
202	一年蓬	*Erigeron annuus* Linn.	外来
203	欧洲千里光	*Senecio vulgaris* Linn.	外来
204	意大利苍耳	*Xanthium italicum* Linn.	外来
205	菊芋	*Helianthus tuberosus* Linn.	外来
206	大波斯菊	*Cosmos bipinnata* Cav.	外来
207	硫磺菊	*Cosmos sulphureus* Linn.	外来
208	大狼把草	*Bidens frondosa* Linn.	外来
209	三叶鬼针草	*Bidens pilosa* Linn.	外来
210	苦苣菜	*Sonchus oleraceus* Linn.	外来
211	续断菊	*Sonchus asper* Linn.	外来
212	两色金鸡菊	*Coreopsis tinctoria* Linn.	外来
213	黑麦草	*Lolium perenne* Linn.	外来
214	虎尾草	*Chloris virgata*	外来
215	假高粱	*Sorghum halepense* Linn.	外来
216	苏丹草	*Sorghum sudanense* Linn.	外来
217	蟋蟀草	*ELeusine indica* Linn.	外来
218	加拿大早熟禾	*Poa compressa* Linn.	外来
219	水浮莲	*Pistia stratiotes* Linn.	外来

附表 2　滦河底栖动物种类组成及分布

类群	种类	L1	L2	L3	L4	L5	L6	L7	L8	L9	L10	L11	L12	L13	L14	L15	L16	L17	出现率/%
软体动物门 Mollusca	扁螺 Hippeutis sp.		+												+			×	17.6
	土蜗 Galba sp.		+				×		+					-			-		29.4
	萝卜螺 Radix sp.	-×		-×		-×			×	×			-+	+	×+	×			52.9
	白旋螺 Gyraulus albus			-			-								-				17.6
	豆螺 Bithynia sp.														-	×	+	×	23.5
	河蚬 Corbicula fluminea														×		-		11.8
	圆田螺 Cipangopaludina sp.														×		×	+	17.6
	湖球蚬 Sphaerium Lacustre															×			5.9
	环棱螺 Bellamya sp.																×		5.9
环节动物门 Annelida	霍甫水丝蚓 Limnodrilus hoffmeisteri									+			+	-+	+	-×	-×+		35.3
	克拉伯水丝蚓 Limnodrilus claparedianus		++								+			-+		-	-+	-	35.3
	夹杂带丝蚓 Lumbriculus Variegatum			+															5.9
	水丝蚓 Limnodrilus sp.			+						+	+	+		-	-				35.3
	苏氏尾鳃蚓 Branchiura sowerbyi			+							+		+				-×+	+	29.4
	颤蚓 Tubifex sp.							+											5.9
	奥特开水丝蚓 Limnodrilus udekemianus										+								5.9
	管水蚓 Aulodrilus sp.												+						5.9

类群	种类	L1	L2	L3	L4	L5	L6	L7	L8	L9	L10	L11	L12	L13	L14	L15	L16	L17	出现率/%
环节动物门 Annelida	瑞士水丝蚓 *Limnodrilus helveticus*		×													×			11.8
	裸蛭蛭 *Batracobdella nuda*				+		+								+				17.6
	八目石蛭 *Erpobdella octoculata*			-×	-×+	-×	-×	×+			++				-×+	×			52.9
	宽身舌蛭 *Glossiphonia lata*			-×	-×	-								-+	×	×			35.3
	蚴蛭 *Oligobdella orientalis*			-															5.9
	巴蛭 *Barbronia* sp.													+	+				11.8
	扁舌蛭 *Glossiphonia complanata*				×										×				11.8
	韦氏巴蛭 *Barbronia weberi*									×		×							11.8
	盾蛭 *Placobdella* sp.									×									5.9
水生昆虫 Aquatic Insects	红裸须摇蚊 *Propsilocerus akamusi*	+														-	-	-	23.5
	羽摇蚊 *Chironomus plumosus*		-×+			×+									×	-×			23.5
	马德林摇蚊 *Lipiniella moderata*		+																5.9
	俊才齿斑摇蚊 *Stictochironomus juncaii*					+	+												11.8
	花翅前突摇蚊 *Procladium choreus*					+	+	+											17.6
	拟摇蚊 *Parachironomus* sp.						+							-					11.8
	绿倒毛摇蚊 *Microtendipes chloris*																-		5.9
	高田似波摇蚊 *Sympotthastia takatensis*											-							5.9
	寡角摇蚊 *Diamesa* sp.							-	-			-						-	23.5
	真开氏摇蚊 *Eukiefferiella* sp.							-	-										11.8
	北七角摇蚊 *Boreoheptagyia* sp.									-		-							11.8

类群	种类	L1	L2	L3	L4	L5	L6	L7	L8	L9	L10	L11	L12	L13	L14	L15	L16	L17	出现率/%
水生昆虫 Aquatic Insects	环足摇蚊 Cricotopus sp.	×																	5.9
	刺铗长足摇蚊 Tanypus punctipennis									−				−		−	−		23.5
	拟路突多足摇蚊 Polypedilum paraviceps													−					5.9
	平铗枝角摇蚊 Cladopelma edwardsi															−			5.9
	指突隐摇蚊 Cryptochironomus digilatus		+													−			11.8
	梯形多足摇蚊 Polypedilum scalaenum					×								×		−		−	23.5
	长跗摇蚊 Tanytarsus sp.																	−	5.9
	韦特直突摇蚊 Orthocladius wetterensis								+			+							11.8
	黄明摇蚊 Phaenopsectra flavipes					×													5.9
	蜉蝣骑蜉摇蚊 Epoicocladius ephemeral													×					5.9
	水虻 Stratiomyia sp.		+												×				11.8
	克拉直突摇蚊 Orthocladius clarki		×																5.9
	雕翅摇蚊 Glyptotendipes sp.								+										5.9
	扁蜉 Heptagenia sp.						+	+	+										17.6
	花鳃蜉 Potamanthus sp.									+									5.9
	蜉蝣 Ephemera sp.								+				+						11.8
	细蜉 Caenidae		+									−	−			−			23.5
	四节蜉科 Baetidae								−	−	−	−	−	×					35.3
	雅丝扁蚴蜉 Ecdyonurus yoshidae						×	×						×					17.6

类群	种类	L1	L2	L3	L4	L5	L6	L7	L8	L9	L10	L11	L12	L13	L14	L15	L16	L17	出现率/%
水生昆虫 Aquatic Insects	弯钩高翔蜉 *Epeorus curvatulus*							×											5.9
	微动蜉 *Cinygmula* sp.							×											5.9
	小蜉 Ephemerellidae							×				×	×	×					23.5
	华丽蜉 *Ephemera pulcherrima*													×		×			11.8
	蜻翅目 *Plecoptera*							×		+	+								17.6
	纹石蚕科 Hydropsychidae						-×+	-×	-×	-×	-×	×	×	×					47.1
	鳞石蚕科 Lepidostomatidae				-														5.9
	红蜻 *Crocothmis servillia*													+					5.9
	螅 *Caenagrion* sp.																	-	5.9
	春蜓 *Gomphus* sp.						×		×										11.8
	马奇异春蜓 *Anisogomphus maacki*								×										5.9
	豉虫 *Gyrinus* sp.								+										5.9
	泥甲 *Dryops* sp.								×				×						11.8
	隐翅虫 *Xantuorinus* sp.																	×	5.9
	沼梭科 Haliplidae			+															5.9
	稻水龟虫 *Hydrous acuminotus*																	×	5.9
	丽蝇（蛹）*Calliphora* sp.	+														+			17.6
	大蚊科 Tipulidae							×			+	+							17.6
	蚋 *Simulium* sp.						-		-										11.8
	原伪蚊 *Protanydenus* sp.							+											5.9
	库蠓 *Culicoides* sp.					+													5.9
甲壳纲 Crustacea	米虾 *Caridina* sp.														+	+			17.6
	钩虾 *Gammarus* sp.				+														5.9
扁形动物门 Platyhelminthes	真涡虫 *Dugesia* sp.													+					5.9

注："—"表示春季，"×"表示夏季，"+"表示秋季。

附表 3　海河流域外来植物名录

中文名	拉丁名	发现区域	原产地
大麻	*Cannabis sativa* Linn.	内蒙古、河北（秦皇岛）、北京	亚洲中部
土荆芥	*Dysphania ambrosioides*（Linn.）	北京、山西（太原）、山东、河南	美洲热带
杂配藜	*Chenopodium hybridum* Linn.	北京、河北（承德、丰宁）、内蒙古	欧洲、亚洲西部
铺地藜	*Chenopodium pumilio* R. Br.	北京、河南	澳大利亚南部沿海
空心莲子草	*Alternanthera philoxeroides*（Mart.）	北京、河北、山东、河南	南美洲
合被苋	*Amaranthus polygonoides* Linn.	北京、山东	加勒比海岛屿、美国
反枝苋	*Amaranthus retroflexus* Linn.	北京、内蒙古、河北（承德、张家口、邢台、乐亭、迁西等）、山东、河南	美洲
刺苋	*Amaranthus spinosus* Linn.	北京、山东、河南	美洲热带
皱果苋	*Amaranthus viridis* Linn.	北京、河北（保定、邯郸、北戴河）、山西、山东、河南	美洲热带
长芒苋	*Amaranthus palmeri* S.	北京	美国西部至墨西哥北部
苋	*Amaranthus tricolor* Linn.	北京、天津、河北、山西、山东	印度
白苋	*Amaranthus albus* Linn.	天津、河北、河南、内蒙古	北美洲
北美苋	*Amaranthus blitoides* S.	山东、内蒙古（多伦）	北美洲
尾穗苋	*Amaranthus caudatus* Linn.	北京、河北（承德、青龙）、山西、山东、河南、内蒙古	美洲热带
凹头苋	*Amaranthus blitum* Linn.	北京多地、天津、河北（徐水、邢台、石家庄）、山西、山东、河南、内蒙古	美洲热带
腋花苋	*Amaranthus roxburghianus* Kung.	北京、天津、河北（衡水）、山西、山东、河南、内蒙古	印度
菱叶苋	*Amaranthus standleyanus* Linn.	北京	阿根廷
夜香紫茉莉	*Mirabilis nyctaginea* Linn.	北京	北美洲
北美商陆	*Phytolacca Americana* Linn.	北京、天津、河北、山东、河南	北美洲
土人参	*Talinum paniculatum* Linn.	北京、天津、山东、河南	美洲热带
小花山桃草	*Gaura parviflora* Linn.	北京、河北、山东、河南	北美洲

中文名	拉丁名	发现区域	原产地
月见草	Oenothera biennis Linn.	天津、山东、山西、河南、内蒙古	北美洲
麦仙翁	Agrotemma githago Linn.	内蒙古	地中海地区、欧洲
王不留行	Veccaria segetalis Linn.	北京、天津、河北（武安、张北、石家庄、内丘）、山西、山东、河南、内蒙古	欧洲
无瓣繁缕	Stellaria pallida Linn.	北京	欧洲
臭荠	Coronopus didymus (Linn.) J. E. Smith	山东、河南	南美洲
北美独行菜	Lepidium virginicum Linn.	河北、山东、河南	北美洲
绿独行菜	Lepidium campestre Linn.	山东	欧洲、亚洲西部
密花独行菜	Lepidium densiflorum Linn.	北京、山东、河南	北美洲
田芥菜	Brassica kaber Linn.	华北各地	欧洲
遏蓝菜	Thlaspi arvense Linn.	河北、山西、河南、山东、内蒙古	欧洲
豆瓣菜	Nasturtium officinale R.	北京、河北、山西、河南	欧洲
刺槐	Robinia pseudoacacia Linn.	北京、天津、河北、山东、河南、内蒙古	北美洲
含羞草	Mimosa pudica Linn.	北京、山东、河南	美洲热带
白花苜蓿	Trifolium repens Linn.	北京、山东、河南、内蒙古	欧洲
红三叶草	Trifolium pretense Linn.	北京、山西、河南、山东、内蒙古	欧洲
紫苜蓿	Medicago sativa Linn.	北京、天津、河北、山西、山东、河南	亚洲西部
黄花苜蓿	Medicago polymorpha Linn.	北京、河北、山东、河南	伊朗、印度、非洲北部等
草决明	Senna tora Linn.	北京、天津、河北（青龙）、山东、河南	美洲热带
望江南	Cassia occidentalis Linn.	北京、天津、河南、山东	美洲热带
白花草木樨	Melilotus alba Linn.	北京、天津、河北、山西、山东、河南、内蒙古	欧洲、亚洲西部
黄花草木樨	Melilotus officinalis Linn.	北京、河北（迁西、承德）、山西、山东、河南、内蒙古	欧洲、亚洲西部
红花酢浆草	Oxalis corymbosa Linn.	北京、天津	美洲热带
野老鹳草	Geranium carolinianum Linn.	河南、山东	美洲
齿裂大戟	Euphorbia dentate Linn.	北京、河北	北美洲
斑地锦	Euphorbia maculate Linn.	北京、山东、河南	北美洲
大地锦草	Euphorbia nutans Linn.	北京	美洲

中文名	拉丁名	发现区域	原产地
泽漆	Euphorbia helioscopia Linn.	河北、山西、山东、河南	欧洲
蓖麻	Ricinus communis Linn.	北京、天津、河北、山西、山东、河南、内蒙古	非洲
野西瓜苗	Hibiscus trionum Linn.	北京、天津、河北（张家口、丰宁、承德）、山西、山东、河南、内蒙古	非洲
苘麻	Abutilon theophrasti Linn.	北京、天津、河北（承德、邢台、丰宁、张家口）、山西、山东、河南、内蒙古	印度
野胡萝卜	Daucus carota Linn.	北京、河北、山西、山东、河南、内蒙古	欧洲
芫荽	Coriandrum sativum Linn.	北京、河北（承德、内丘、涞源）、山西、山东、河南、内蒙古	地中海地区
田旋花	Convolvulus arvensis Linn.	北京、天津、河北、山西、山东、河南、内蒙古	欧洲
圆叶牵牛	Ipomoea purpurea Linn.	北京、河北、山东、河南、内蒙古	美洲热带
裂叶牵牛	Pharbitis hederacea Linn.	北京、天津、河北（迁西）、山东、河南	美洲热带
日本菟丝子	Cuscuta japonica Linn.	北京、天津、河北、河南、内蒙古	日本
啤酒花菟丝子	Cuscuta lupuliformis Linn.	北京、河北、山西、山东、内蒙古	欧洲
天芥菜	Heliotropium europaeum Linn.	山西、河南	欧洲
聚合草	Symphytum officinale Linn.	北京	俄罗斯（欧洲部分、高加索地区）
马樱丹	Lantana camara Linn.	北京、山西、山东	美洲热带
曼陀罗	Darura stramonium Linn.	北京、河北（易县、涞源、兴隆）、天津、山西、河南、内蒙古	墨西哥
毛曼陀罗	Datura innoxia Linn.	北京、天津、山东、河南	美洲
白花曼陀罗	Datura metel Linn.	天津、河北	印度
刺萼龙葵	Solanum rostratum Linn.	北京	北美洲
灯笼草	Physalis angulate Linn.	北京、河北、山东、河南	美洲热带
腺龙葵	Solanum sarachoides Linn.	河南	南美洲
阿拉伯婆婆纳	Veronica peresica Linn.	山东、河南	亚洲西部、欧洲
婆婆纳	Veronica polita Linn.	北京、河南	亚洲西部
马泡瓜	Cucumis melo var. agrestis Linn.	山东	非洲
小马泡	Cucumis bisexualis Linn.	山东、河南	非洲

中文名	拉丁名	发现区域	原产地
刺果瓜	*Sicyos angulatus* Linn.	山东、辽宁	北美洲
五叶地锦	*Parthenocissus quinquefolia* Linn.	北京、河南	美洲
火炬树	*Rhus typhina* Linn.	北京、山西、山东	美洲
北美车前	*Plantago virginica* Linn.	河南	北美洲
长叶车前	*Plantago lanceolate* Linn.	北京、山东、河南	欧洲
芒苞车前	*Plantago aristata* Linn.	山东	美国
豚草	*Ambrosia artemisiifolia* Linn.	北京、河北、山东	北美洲
三裂叶豚草	*Ambrosia trifida* Linn.	北京、天津	北美洲
水飞蓟	*Silybum marianum* Linn.	山东	欧洲、亚洲中部
钻叶紫菀	*Aster subulatus* Linn.	北京、河北、山东、河南	北美洲
小蓬草	*Conyza canadensis* Linn.	北京、天津、河北、山西、河南、山东	北美洲
野塘蒿	*Conyza bonariensis* Linn.	北京、河北、山东、河南	南美洲
野茼蒿	*Crassocephalum crepidioides* Linn.	河南	非洲热带
一年蓬	*Erigeron annuus* Linn.	北京、山西、山东、河南	北美洲
牛膝菊	*Galinsoga parviflora* Linn.	北京、天津、山东、内蒙古	南美洲
欧洲千里光	*Senecio vulgaris* Linn.	河北、山西、山东、内蒙古	欧洲
加拿大一枝黄花	*Solidago canadensis* Linn.	天津、山西	北美洲
意大利苍耳	*Xanthium italicum* Linn.	北京	北美洲
平滑苍耳	*Xanthium glabrum* Linn.	北京	北美洲
刺苍耳	*Xanthium spinosum* Linn.	河南	南美洲
菊芋	*Helianthus tuberosus* Linn.	北京、河北、山西、山东、河南	北美洲
大波斯菊	*Cosmos biipinnata* Linn.	北京、天津、河北、山东、山西、河南、内蒙古	墨西哥
硫磺菊	*Cosmos sulphureus* Linn.	北京、河北	墨西哥
多花百日菊	*Zinnia peruviana* Linn.	天津、河北、河南、山东	墨西哥
大狼把草	*Bidens frondosa* Linn.	北京、山东	北美洲
三叶鬼针草	*Bidens pilosa* Linn.	北京、河北、河南、山东、山西、内蒙古	美洲热带

中文名	拉丁名	发现区域	原产地
蒿蒿	Chrysanthemum coronarium Linn.	北京、河北、山东、内蒙古	地中海地区
小蒿蒿	Chrysanthemum carinatum Linn.	北京、山东	地中海地区
苦苣菜	Sonchus oleraceus Linn.	北京、天津、河北、山西、山东、河南、内蒙古	欧洲
续断菊	Sonchus asper Linn.	山东、河南	欧洲
两色金鸡菊	Coreopsis tinctoria Linn.	北京、山东、山西、河南	北美洲
线叶金鸡菊	Coreopsis lanceolate Linn.	北京、天津、山东、河南	北美洲
菊苣	Cichorium intybus Linn.	北京、河北、山东	欧洲
黄顶菊	Flaveria bidentis Linn.	天津、河北	南美洲
银胶菊	Parthenium hysterophorus Linn.	山东	美国及墨西哥北部
野燕麦	Avena fatua Linn.	北京、山东、河南、内蒙古	地中海地区
节节麦	Aegilop stataschii Linn.	北京、河南、山东	亚洲西部
疾蒺藜草	Cenchrus echinatus Linn.	北京	美洲热带
光梗蒺藜草	Cenchrus incertus Linn.	河北、内蒙古	美洲热带
毒麦	Lolium temulentum Linn.	北京、山东、内蒙古	地中海地区
欧毒麦	Lolium persicum Linn.	北京	欧洲
黑麦草	Lolium perenne Linn.	北京、河北、山西、山东、河南、内蒙古	欧洲
多花黑麦草	Lolium multiflorum Linn.	北京、河北、内蒙古	欧洲
假高粱	Sorghum halepense Linn.	北京	地中海地区
苏丹草	Sorghum sudanense Linn.	北京、山西、山东	地中海地区
大米草	Spartina anglica Linn.	北京、天津、山东	英国
蟋蟀草	ELeusine indica Linn.	北京、天津、河北、山西、山东、河南	印度
野牛草	Buchloe dactyloides Linn.	北京、河北、山西	北美洲
加拿大早熟禾	Poa compressa Linn.	北京、山东、山西、河南	欧洲
梯牧草	Phleum pretense Linn.	北京、山东、河南	欧洲、亚洲西部
香附子	Cyperus rotundus Linn.	北京、河北、山东、河南	印度
水浮莲	Pistia stratiotes Linn.	天津、河南	巴西
凤眼莲	Eichhornia crassipes Linn.	天津、河北、山东	巴西东北部

附表 4　滦河底栖动物种类及其 BI 值和功能摄食类群 (FFGs)

门	纲	目	科	属	种	FFGs	BI值
环节动物门 Annelida	寡毛纲 Oligochaeta	近孔寡毛目 Oligochaeta plesiopora	颤蚓科 Tubificidae	水丝蚓属 Limnodrilus	霍甫水丝蚓 Limnodrilus hoffmeisteri	cg	9.4
				水丝蚓属 Limnodrilus	克拉伯水丝蚓 Limnodrilus claparedianus	cg	8.5
				带丝蚓属 Lumbriculus	夹杂带丝蚓 Lumbriculus variegatum	cg	5
				水丝蚓属 Limnodrilus	水丝蚓 Limnodrilus sp.	cg	9.6
				尾鳃蚓属 Branchiura	苏氏尾鳃蚓 Branchiura sowerbyi	cg	8.5
				颤蚓属 Tubifex	颤蚓 Tubifex sp.	cg	9~10
				水丝蚓属 Limnodrilus	奥特开水丝蚓 Limnodrilus udekemianus	cg	7.5
				管水蚓属 Aulodrilus	管水蚓 Aulodrilus sp.	cg	9~10
				水丝蚓属 Limnodrilus	瑞士水丝蚓 Limnodrilus helveticus	cg	4
	蛭纲 Hirudinea	吻蛭目 Rhynchobdellida	舌蛭科 Glossiphoniidae	蛙蛭属 Batracobdella	裸蛙蛭 Batracobdella nuda	prd	6
				舌蛭属 Glossiphonia	宽身舌蛭 Glossiphonia lata	prd	8.0
				蛭蛭属 Olibdella	蛭蛭 Oligobdella orientalis	prd	8.0
				舌蛭属 Glossiphonia	扁舌蛭 Glossiphonia complanata	prd	8
				盾蛭属 Placobdella	盾蛭 Placobdella sp.	prd	8
				泽蛭属 Helobdella	静泽蛭 Helobdella stagnalis	prd	6.7

门	纲	目	科	属	种	FFGs	BI 值
环节动物门 Annelida	蛭纲 Hirudinea	咽蛭目 Pharyngobdellida	石蛭科 Erpobdellidae	巴蛭属 Barbronia	巴蛭 Barbronia sp.	prd	6
				石蛭属 Erpobdella	八目石蛭 Erpobdella octoculata	prd	6
				巴蛭属 Barbronia	韦氏巴蛭 Barbronia weberi	prd	6
软体动物门 Mollusca	腹足纲 Gastropoda	基眼目 Basommatophora	扁螺科 Planorbidea	圆扁螺属 Hippeutis	扁螺 Hippeutis sp.	scr	7
			椎实螺科 Lymnaeidae	土蜗属 Galba	土蜗 Galba sp.	cg/scr	7
				萝卜螺属 Radix	萝卜螺 Radix sp.	cg/scr	8.0
			扁卷螺科 Planorbidae	旋螺属 Gyraulus	白旋螺 Gyraulus albus	scr	5.0
		中腹足目 Mesogastropoda	豆螺科 Hydrobiidae	豆螺属 Bithynia	豆螺 Bithynia sp.	scr	5.0
				鲻螺属 Bellamya	环棱螺 Bellamya sp.	scr	4.3
	瓣鳃纲 Lamellibranchia	帘蛤目 Veneroida	蚬科 Corbiculidae	蚬属 Corbicula	河蚬 Corbicula fluminea	cf	8.2
			球蚬科 Sphaeriidae	球蚬属 Sphaerum	湖球蚬 Sphaerium Lacustre	cf	8.2
节肢动物门 Arthropoda	软甲纲 Malacostraca	十足目 Decapoda	匙指虾科 Atyidae	米虾属 Caridina	米虾 Caridina sp.	cg/c-f/prd	3
		端足目 Amphipoda	钩虾科 Gammaridae	钩虾属 Gammarius	钩虾 Gammarus sp.	cg/shr	2.5
	昆虫纲 Insecta	双翅目 Diptera	丽蝇科 Calliphoridae	丽蝇属 Calliphora	丽蝇（蛹）Calliphora sp.	prd	6
			摇蚊科 Chironomidae	裸须摇蚊属 Propsilocerus	红裸须摇蚊 Propsilocerus akamusi	cg/prd/shr/cf/scr	8
				摇蚊属 Chironomus	羽摇蚊 Chironomus plumosus	cg/prd/shr/cf/scr	9.1
				林摇蚊属 Lipiniella	马德林摇蚊 Lipiniella moderata	c-g/prd/shr/c-f/scr	6
				俊才摇蚊属 Stictochironomus	俊才齿斑摇蚊 Stictochironomus juncaii	cg/prd/shr/cf/scr	6
				前突摇蚊属 Procladius	花翅前突摇蚊 Procladium choreus	c-f/prd/shr/c-f/scr	9

门	纲	目	科	属	种	FFGs	BI值
节肢动物门 Arthropoda	昆虫纲 Insecta	双翅目 Diptera	摇蚊科 Chironomidae	拟摇蚊属 Parachironomus	拟摇蚊 Parachironomus sp.	c-g/prd/shr/c-f/scr	8
				倒毛摇蚊属 Microtendipes	绿倒毛摇蚊 Microtendipes chloris	cg/prd/shr/cf/scr	6
				高田似波摇蚊属 Sympotthastia	高田似波摇蚊 Sympotthastia takatensis	cg/prd/shr/cf/scr	4.0
				寡角摇蚊属 Diamesa	寡角摇蚊 Diamesa sp.	cg/prd/shr/cf/scr	3.0
				真开氏摇蚊属 Eukiefferiella	真开氏摇蚊 Eukiefferiella sp.	cg/prd/shr/cf/scr	5.0
				北七角摇蚊属 Boreoheptagyia	北七角摇蚊 Boreoheptagyia sp.	cg/prd/shr/cf/scr	2.0
				环足摇蚊属 Cricotopus	环足摇蚊 Cricotopus sp.	cg/prd/shr/cf/scr	6.8
				长足摇蚊属 Tanypus	刺铗长足摇蚊 Tanypus punctipennis	prd	8.4
				多足摇蚊属 Polypedilum	拟踦多足摇蚊 Polypedilum paraviceps	cg/prd/shr/cf/scr	6.0
				枝角摇蚊属 Cladopelma	平铗枝角摇蚊 Cladopelma edwardsi	cg/prd/shr/cf/scr	2.5
				隐摇蚊属 Cryptochironomus	指突隐摇蚊 Cryptochironomus digilatus	cg/prd/shr/cf/scr	5.9
				多足摇蚊属 Polypedilum	梯形多足摇蚊 Polypedilum scalaenum	cg/prd/shr/cf/scr	6.0
				长跗摇蚊属 Tanytarsus	长跗摇蚊 Tanytarsus sp.	cg/prd/shr/cf/scr	4.7
				直突摇蚊属 Orthocladius	韦特直突摇蚊 Orthocladius wetterensis	cg/prd/shr/cf/scr	6

门	纲	目	科	属	种	FFGs	BI 值
节肢动物门 Arthropoda	昆虫纲 Insecta	双翅目 Diptera	摇蚊科 Chironomidae	明摇蚊属 Phaenosectra	黄明摇蚊 Phaenopsectra flavipes	cg/prd	5
				骑哼摇蚊属 Epoicocladius	哼哼骑哼摇蚊 Epoicocladius ephemeral	cg/prd/shr cf/scr	2.4
				三轮环足摇蚊属 Cricotopus	三轮环足摇蚊 Cricotopus triannulatus	cg/prd/shr cf/scr	6.8
				二叉摇蚊属 Dicrotendipes	二叉摇蚊 Dicrotendipes sp.	cg/prd/shr cf/scr	7.9
				环足摇蚊属 Cricotopus	轮环足摇蚊 Cricotopus anulator	cg/prd/shr cf/scr	6.8
				直突摇蚊属 Orthocladius	茨城直突摇蚊 Orthocladius makabensis	cg/prd/shr cf/scr	6
				直突摇蚊属 Orthocladius	克拉直突摇蚊 Orthocladius clarki	cg/shr/prd	6
				真开氏摇蚊属 Eukiefferiella	亮铁真开氏摇蚊 Eukiefferiella claripennis	cg/prd/shr cf/scr	5
				环足摇蚊属 Cricotopus	白色环足摇蚊 Cricotopus albiforceps	cg/prd/shr cf/scr	6.8
				雕翅摇蚊属 Glyptotendipes	雕翅摇蚊 Glyptotendipes sp.	cg/prd/shr cf/scr	7
				恩非摇蚊属 Einfeldia	恩非摇蚊 Einfeldia sp.	cg/prd/shr cf/scr	5
				多足摇蚊属 Polypedilum	小云多足摇蚊 Polypedilum nubeculosum	cg/prd/shr cf/scr	6
				浪突摇蚊属 Zalutschia	浪突摇蚊 Zalutschia Lipina	cg/prd/shr cf/scr	3
				长足摇蚊属 Tanypus	绒铁长足摇蚊 Tanypus villipennis	prd	8.4
				小突摇蚊属 Micropsectra	小突摇蚊 Micropsectra sp.	cg/prd/shr cf/scr	1.4

门	纲	目	科	属	种	FFGs	BI值
节肢动物门 Arthropoda	昆虫纲 Insecta	双翅目 Diptera	大蚊科 Tipulidae	—	—	cg/prd/shr/cf/scr	1.5
			虻科 Tabanidae	虻属 Tabanus	虻 Tabanus sp.	cg/prd	5.0
			水虻科 Stratiomyidae	水虻属 Stratiomyia	水虻 Stratiomyia sp.	cg/prd	6
			蚋科 Simuliidae	蚋属 Simulium	蚋 Simulium sp.	cg	6
			伪蚊科 Tanyderidae	原伪蚊属 Protanydenus	原伪蚊 Protanydenus	cf	2.4
			蠓科 Ceratopogonidae	库蠓属 Culicoides	库蠓 Culicoides sp.	cg	3
			水蝇科 Ephydridae	—	—	prd	6.2
		蜉蝣目 Ephemeroptera	花鳃蜉科 Potamanthidae	花鳃蜉属 Potamanthus	花鳃蜉 Potamanthus sp.	shr	7
			细蜉科 Caenidae	—	—	cg	1
			四节蜉科 Baetidae	—	—	cg	5.6
			扁蜉科 Heptageniidae	扁蜉属 Heptagenia	扁蜉 Heptagenia sp.	cg/scr	2.5
				扁蚴蜉属 Ecdyonurus	雅丝扁蚴蜉 Ecdyonurus yoshidae	scr	3.6
				高翔蜉属 Epeorus	弯钩高翔蜉 Epeorus curvatulus	scr	1
			小蜉科 Ephemerellidae	微动蜉属 Cinygmula	微动蜉 Cinygmula sp.	scr	2.4
			蜉蝣科 Ephemeridae	蜉蝣属 Ephemera	华丽蜉 Ephemera pulcherrima	cg/scr	3.3
				蜉蝣属 Ephemera	蜉蝣 Ephemera sp.	cg	2.4
			寡脉蜉科 Oligoneuriidae	—	—	cg/prd/shr/cf/scr	2

门	纲	目	科	属	种	FFGs	BI值
节肢动物门 Arthropoda	昆虫纲 Insecta	毛翅目 Trichoptera	纹石蛾科 Hydropsychidae	—	—	cf	6
			长角石蛾科 Leptoceridae	—	—	cg/shr/prd	4
			沼石蛾科 Limnephilidae	—	—	shr/scr/cg	3
			鳞石蛾科 Lepidostomatidae	—	—	shr	1.0
		襀翅目 Plecoptera	叉石蝇科 Nemouridae	叉石蝇属 Nemoura	叉石蝇 Nemoura sp.	prd	1
			石蝇科 Perlidae	—	—	prd	1.2
		蜻蜓目 Odonata	蜻科 Libellulidae	红蜻属 Crocothmis	红蜻 Crocothmis servillia	prd	8~9
				蜻属 Libellula	蜻 Libellula sp.	prd	9
			蟌科 Caenagrionidae	蟌属 Caenagrion	蟌 Caenagrion sp.	prd	5.0
			春蜓科 Gomphidae	春蜓属 Gomphus	春蜓 Gomphus sp.	prd	3
				Anisogomphus	马奇异春蜓 Anisogomphus maacki	prd	2.7
			河蟌科 Agriidae	河蟌属 Agrion	黑河蟌 Agrion atratum	prd	6
		鞘翅目 Coleoptera	豉甲科 Gyrinidae	豉甲属 Gyrinus	豉虫 Gyrinus sp.	prd	6
			泥甲科 Dryopidae	泥甲属 Dryops	泥甲 Dryops sp.	scr	5
			隐翅虫科 Stahplinidae	隐翅甲属 Xantuorinus	隐翅虫 Xantuorinus sp.	cg	5
			水龟科 Gerridae	—	稻水龟虫 Hydrous acuminotus	cg/prd/shr	5
			沼梭科 Haliplidae	—	—	shr	5
			龙虱科 Dytiscidae	—	—	prd	8
		半翅目 Hemiptera	水黾科 Gerridae	水黾属 Gerris	水黾 Gerris sp.	scr	5
	蛛形纲 Arachnida	蜱形目 Acariformes	水螨科 Lebertiidae	—	—	prd	6
扁形动物门 Platyhelminthes	涡虫纲 Turbellaria	三肠目 Tricladida	涡虫科 Dendrocoelidae	真涡虫属 Dugesia	真涡虫 Dugesia sp.	prd	1

附表 5 滦河各样点浮游植物优势种类及其细胞胞密度

单位：10^4 个/L

点位名称	鱼腥藻	颤藻	卵形隐藻	蓝隐藻	直链藻	小环藻	脆杆藻	普通等片藻	舟形藻	四尾栅藻
大滩镇										
闪电河			282	545.2		96.35				
白城子										
石人沟						12.78				
红旗营房						49.7				19.88
外沟门	189.57									
苏家店										
郭家屯										
太平庄										
西沟						14.2				
张家湾						36.92				
三道河									15.62	
乌龙矶								9.94		
迁西桥			34.08			30.53	30.53			
马兰庄镇						1 099.8				
王家楼村		70.5	102.93		101.52	73.32				
姜各庄		34.79	24.85			31.24				

注：未标明优势种类的即表示该点位没有明显优势种类。

附表 6　滦河各样点底栖植物优势种类及其细胞密度

单位：个/cm²

点位名称	变异直链藻	肘状针杆藻	针杆藻	桥弯藻	扁圆卵形藻	披针曲壳藻	异极藻	菱形藻
大滩镇			11 750.4					
闪电河		8 971.6						23 652.4
白城子		63 015.4						
石人河								75 863.2
红旗营房	22 024.8							38 543.4
外沟门								
苏家店				71 580.6		179 869.2		118 077.4
郭家屯				25 389.7				35 790.3
太平庄					30 590			11 318.3
西沟								4 588.5
张百湾								4 590
三道河								
迁西桥						25 487.5		7 748.2
马兰庄镇	5 752.8						3 304.8	
王家楼村			5 385.6					15 789.6

附表 7　样地周边主要人为干扰源及干扰状况

样地	主要人为干扰源	人为干扰状况
大滩镇	畜牧业	人为干扰较弱；采样地点为保护区域；无畜牧业干扰；植被十分密茂，覆盖度100%；物种丰富，植被高度较高，大部分为20~50 cm
闪电河	畜牧业	畜牧业干扰较强；可见较多牛羊脚印；植被较矮；覆盖度90%；高度约5 cm
白城子	畜牧业	可见较多牛羊粪便和脚印；因此造成部分区域植被消失，尤以近岸带区域受影响显著；有机动车小路穿过；植被覆盖率80%，且植被低矮，为3~5 cm；水生植物种类和数量较丰富，未受到畜牧的负面影响
石人沟	畜牧业	可见牛羊脚印；有小路穿过河流；草本植物高度中等；较矮群落为3~5 cm；其他约20 cm；植被覆盖率95%，但总体干扰较弱
红旗营房	畜牧业；村庄	植被茂盛，灌木丛、榆树均很茂盛；部分区域的近岸边可见羊脚印；少量粪便；但大部分区域无干扰；虽然离人较近，但由于人很难接近，所以植被基本为自然状态。植被覆盖率95%以上；高度15~40 cm；虽有一定畜牧业干扰和村庄道路，但草本植被未受到太大影响，可能因为部分羊选择以灌木为食
外沟门	农业，采砂	受到农业和采砂的影响；干扰较强，可见一大桥，未通车；岸带可见多灌木。但采样点基本无灌木，且植被宽度仅为2~4 m 高度约20~35 cm；对岸可见灌木。岸带植被稀疏，覆盖度40%；河流平缓，水面较宽。
苏家店	农业	农业干扰较强；岸带宽度仅有1.5~2 m，旁边即为农田和小路；但由于水流湍急，水质良好，总体看对岸带植被的干扰并不是太强烈；无建筑垃圾，较少农药瓶；植被覆盖度85%；高度20~35 cm；较为茂盛；可见灌木；较远处有杨树和柳树（人工）
郭家屯	农业，村庄	岸带宽度1~1.5 m；旁边即为农田；距离村庄150 m；有少量生活垃圾；水流较大；对岸可见人工林（杨树）；植被种类较少，但覆盖度和高度均较高
太平庄	村庄，农业	岸带宽度为12 m；对岸为2 m（农田）；植被较为茂盛，距离20 m 处有较多生活垃圾，大量堆肥等；距离110 m 为村庄，但植被仍然较为完好；高度20~40 cm；可能因为保留了较宽的缓冲宽度，因此未造成严重破坏，但是对岸破坏严重，植被种类急剧减少，植被覆盖度较低

样地	主要人为干扰源	人为干扰状况
西沟	农田	附近有农田，但是距离河岸较远，为40~50 m；河岸带较宽，为25 m左右；附近有道路，但是总体受到人为干扰小；因此植被种类较丰富，但是由于土质和海拔较高的原因，部分区域植被覆盖度较低，为50%；河岸边植被覆盖盖度总体较高，盖度为95%；植被总体较高，为15~30 cm
张百湾	农田、村庄	岸带宽度仅为1.5~2 m，旁边即为农田；距离村庄100 m，因此有较多生活垃圾和建筑垃圾，造成植被覆盖盖度在有些地方非常低；植被高度20~30 cm；种类虽然不少，但建筑垃圾较多的样方内仅有1~2种植物
三道河	道路、村庄	附近有村庄、道路、桥梁、农田，岸带有少量建筑垃圾和生活垃圾，受人为干扰较强
乌龙矶	道路、采石场	岸带旁即是采石场和石子堆，可见放牧痕迹，流速较快，岸带冲刷明显，岸带较窄；可见酸枣树和荆条树
迁西桥	道路、公园	近迁西县城，为一个公园，有人为种植的植物花卉，人为干扰较强，主要为踩踏，因此植被较矮，但覆盖盖度较高
马兰庄镇	放牧、垂钓、农田	农田较远，但是放牧痕迹较重，可见较多羊粪便；有若干人在钓鱼；总体生境较好；植被在远离岸带处较高，茂密，在近岸带的高度低
王家楼村	道路、捕鱼、放牧	人为干扰较强，有牛羊，植被覆盖率低，为40%，且植被高度较低；可见很多渔船
姜各庄	道路、沙质土	有一定人为干扰，但是采样处有高大乔木，植被较为茂密，受到人为干扰并不明显；垂钓的人很多

参考文献

曹艳霞，2010. 漓江流域大型底栖无脊椎动物群落结构与水质生物评价[D]. 南京：南京农业大学.

唱彤，刘之平，陈文学，2014. 滦河流域生态分区方法研究[J]. 水利水电技术，45（11）：29-32.

陈凯，于海燕，张汲伟，等，2017. 基于底栖动物预测模型构建生物完整性指数评价河流健康[J]. 应用
　　生态学报，28（6）：1993-2002.

董哲仁，孙东亚，赵进勇，等，2010. 河流生态系统结构功能整体性概念模型[J]. 水科学进展，21（4）：
　　550-559.

段学花，宋晓兰，奚海明，等，2012. 江阴市河流底栖动物群落结构特征及其生物多样性[J]. 长江流域
　　资源与环境，21（S1）：46-50.

段学花，王兆印，徐梦珍，2010. 底栖动物与河流生态评价[M]. 北京：清华大学出版社.

郭丽峰，孟宪智，周绪申，等，2015. 滦河干流水质时空变化分析[J]. 安徽农业科学，43（1）：196-199.

国家环境保护局，中国环境监测总站，1990. 中国土壤元素背景值[M]. 北京：中国环境科学出版社.

郝红，高博，王健康，等，2012. 滦河流域沉积物中重金属分布特征及风险评价[J]. 岩矿测试，31（6）：
　　1000-1005.

何家庆，2012. 中国外来植物[M]. 上海：上海科学技术出版社.

户作亮，2010. 海河流域平原河流生态保护与修复模式研究[M]. 北京：中国水利水电出版社.

黄宝荣，欧阳志云，郑华，等，2006. 生态系统完整性内涵及评价方法研究综述[J]. 应用生态学报，17
　　（11）：2196-2202.

蒋红霞，黄晓荣，李文华，2012. 基于物理栖息地模拟的减水河段鱼类生态需水量研究[J]. 水力发电学
　　报，31（5）：141-147.

黎明，1997. 洞庭湖城陵矶水道水力几何形态的研究[J]. 湖泊科学，（2）：112-116.

李凤清，蔡庆华，傅小城，等，2008. 溪流大型底栖动物栖息地适合度模型的构建与河道内环境流量研
　　究——以三峡库区香溪河为例[J]. 自然科学进展，（12）：1417-1424.

李建柱，2005. 滦河流域分布式降雨径流模拟研究[D]. 天津：天津大学.

李建柱，冯平，2009. 滦河流域产流特性变化趋势分析[J]. 干旱区资源与环境，23（8）：79-85.

刘静玲，李毅，史璇，等，2017. 海河流域典型河流沉积物粒度特征及分布规律[J]. 水资源保护，33（6）：
　　9-19.

刘静玲，尤晓光，史璇，等，2016. 滦河流域大中型闸坝水文生态效应[J]. 水资源保护，32（1）：23-28.

龙笛，张思聪，2006. 滦河流域生态系统健康评价研究[J]. 中国水土保持，（3）：14-16.

马金双，2013. 中国入侵植物名录[J]. 生物多样性，21（5）：635.

孟博，刘静玲，李毅，等，2015. 北京市凉水河表层沉积物不同粒径重金属形态分布特征及生态风险[J]. 农业环境科学学报，34（5）：964-972.

孟现勇，王浩，雷晓辉，等，2017. 基于 CMDAS 驱动 SWAT 模式的精博河流域水文相关分量模拟、验证及分析[J]. 生态学报，37（21）：7114-7127.

钱春林，1994. 引滦工程对滦河三角洲的影响[J]. 地理学报，（2）：158-166.

渠晓东，刘志刚，张远，2012. 标准化方法筛选参照点构建大型底栖动物生物完整性指数[J]. 生态学报，32（15）：4661-4672.

任颖，何萍，侯利萍，2015. 海河流域河流滨岸带入侵植物等级与分布特征[J]. 环境科学研究，28（9）：1430-1438.

荣楠，单保庆，林超，等，2016. 海河流域河流氮污染特征及其演变趋势[J]. 环境科学学报，36（2）：420-427.

尚林源，孙然好，王赵明，等，2012. 海河流域北部地区河流沉积物重金属的生态风险评价[J]. 环境科学，33（2）：606-611.

苏虹程，单保庆，唐文忠，等，2015. 海河流域典型清洁水系表层沉积物中重金属总体污染水平研究[J]. 环境科学学报，35（9）：2860-2866.

孙斌，刘静玲，孟博，等，2017. 北京市凉水河物理栖息地完整性评价[J]. 水资源保护，33（6）：20-26.

田建平，张俊栋，2011. 滦河流域水资源可持续利用评价及对策[J]. 南水北调与水利科技，9（2）：56-59.

王备新，2003. 大型底栖无脊椎动物水质生物评价研究[D]. 南京：南京农业大学.

王刚，严登华，黄站峰，等，2011. 滦河流域径流的长期演变规律及其驱动因子[J]. 干旱区研究，28（6）：998-1004.

王利，1994. 应用 TM 图像解译滦河上游的植被分布[J]. 海河水利，（6）：37-38.

王强，袁兴中，刘红，2011. 西南山地源头溪流附石性水生昆虫群落特征及多样性——以重庆鱼肚河为例[J]. 水生生物学报，35（5）：887-892.

王旭，单保庆，郭伊荇，等，2017. 滦河干流表层沉积物中营养元素和重金属含量分布特征及其风险评价[J]. 环境工程学报，11（10）：5429-5439.

吴佳宁，王刚，路献品，等，2014. 滦河流域浮游生物与底栖动物分布特征调查研究[J]. 环境保护科学，40（6）：1-6.

夏霆，朱伟，姜谋余，等，2007. 城市河流栖息地评价方法与应用[J]. 环境科学学报，27（12）：2095-2104.

熊文，黄思平，杨轩，2010. 河流生态系统健康评价关键指标研究[J]. 人民长江，41（12）：7-12.

徐晓君，杨世伦，张珍，2010. 三峡水库蓄水以来长江中下游干流河床沉积物粒度变化的初步研究[J]. 地理科学，30（1）：103-107.

杨涛，2013. 海河流域平原河流栖息地完整评价和环境流量计算模型[D]. 北京：北京师范大学.

杨涛，刘静玲，李小平，等，2017. 海河流域平原型河流栖息地评价[J]. 环境科学与技术，40（3）：190-197.

易雨君，程曦，周静，2013. 栖息地适宜度评价方法研究进展[J]. 生态环境学报，22（5）：887-893.

张洪，林超，雷沛，等，2015a. 海河流域河流富营养化程度总体评估[J]. 环境科学学报，35（8）：2336-2344.

张洪，林超，雷沛，等，2015b. 海河流域河流耗氧污染变化趋势及氧亏分布研究[J]. 环境科学学报，35（8）：2324-2335.

张洪波，王义民，黄强，等，2008. 基于 RVA 的水库工程对河流水文条件的影响评价[J]. 西安理工大学学报，24（3）：262-267.

张晶，董哲仁，孙东亚，等，2010a. 河流健康全指标体系的模糊数学评价方法[J]. 水利水电技术，41（12）：16-21.

张晶，董哲仁，孙东亚，等，2010b. 基于主导生态功能分区的河流健康评价全指标体系[J]. 水利学报，41（8）：883-892.

张丽云，蔡湛，李庆辰，等，2012. 滦河的水沙关系及水利工程对下游河道的影响[J]. 湖北农业科学，51（15）：3222-3225.

张远，徐成斌，马溪平，等，2007. 辽河流域河流底栖动物完整性评价指标与标准[J]. 环境科学学报，27（6）：919-927.

张宗娇，张强，顾西辉，等，2016. 水文变异条件下的黄河干流生态径流特征及生态效应[J]. 自然资源学报，31（12）：2021-2033.

赵进勇，董哲仁，孙东亚，2008. 河流生物栖息地评估研究进展[J]. 科技导报，（17）：82-88.

赵茜，高欣，张远，等，2014. 广西红水河大型底栖动物群落结构时空分布特征[J]. 环境科学研究，27（10）：1150-1156.

郑博颖，2008. 滦河上游地区种子植物区系及资源植物研究[D]. 石家庄：河北师范大学.

郑文浩，渠晓东，张远，等，2011. 太子河流域大型底栖动物栖境适宜性[J]. 环境科学研究，24（12）：1355-1363.

Alcázar J，Palau A，Vega-garci C，2008. A neural net model for environmental flow estimation at the Ebro River Basin，Spain[J]. Journal of Hydrology，349（1-2）：44-55.

Baird J，Fisher D，Lucas P，et al.，2005. Being big or growing fast：systematic review of size and growth in infancy and later obesity[J]. BMJ Clinical Research，331（7522）：929.

Bao K，Liu J L，You X G，et al.，2017. A new comprehensive ecological risk index for risk assessment on Luanhe River，China[J]. Environmental Geochemistry & Health，40：1965-1978.

Barbour M T，Gerritsen J，Snyder B D，et al.，1999. Rapid bioassessment protocols for use in streams and wadeable rivers：periphyton，benthic macroinvertebrates and fish[M]. Washington，DC：US Environmental Protection Agency.

Belletti B，Rinaldi M，Bussettini M，et al.，2017. Characterising physical habitats and fluvial hydromorphology：A new system for the survey and classification of river geomorphic units[J]. Geomorphology，283（15）：143-157.

Binns N A，Eiserman F M，2011. Quantification of fluvial trout habitat in Wyoming[J]. Transactions of the American Fisheries Society，108（3）：215-228.

Botkin D，Wallis J，Janak J，1972. Some ecological consequences of a computer model of forest growth[J]. Journal of Ecology，60（3）：849-872.

Brand C，Miserendino M L，2015. Testing the performance of macroinvertebrate metrics as indicators of changes in biodiversity after pasture conversion in Patagonian Mountain Streams[J]. Water Air & Soil Pollution，226（11）：370.

Cabaltica A D，Kopecki I，Schneider M，et al.，2013. Assessment of hydropeaking impact on macrozoobenthos using habitat modelling approach[J]. Civil and Environmental Research，3（11）：8-16.

Camporeale C，Ridolfi L，2006. Riparian vegetation distribution induced by river flow variability：A stochastic approach[J]. Water resources research，42（10）：W10415.

Chave J，2004. Neutral theory and community ecology[J]. Ecology Letters，7（3）：241-253.

Chen K，Hughes R M，Xu S，et al.，2014. Evaluating performance of macroinvertebrate-based adjusted and unadjusted multi-metric indices（MMI）using multi-season and multi-year samples[J]. Ecological Indicators，36（1）：142-151.

Davenport A J，Gurnell A M，Armitage P D，2004. Habitat Survey and Classification of Urban Rivers[J]. River Research and Applications，20（6）：687-704.

Davies S P，Jackson S K，2006. The biological condition gradient：a descriptive model for interpreting change in aquatic ecosystems[J]. Ecological Applications，16（4）：1251-1266.

Demars B O L，Kemp J L，Friberg N，et al.，2012. Linking biotopes to invertebrates in rivers：Biological traits，taxonomic composition and diversity[J]. Ecological Indicators，23：301-311.

Fernández D，Barquín J，Raven P J，2011. A review of river habitat characterisation methods：indices vs. characterisation protocols[J]. Limnetica，30（2）：217-234.

Frissell C A，Liss W J，Warren C E，et al.，1986. A hierarchical framework for stream habitat classification：Viewing streams in a watershed context[J]. Environmental Management，10（2）：199-214.

Ganasan V，Hughes R，1998. Application of an index of biological integrity（IBI）to fish assemblages of the rivers Khan and Kshipra（Madhya Pradesh），India[J]. Freshwater Biology，40：367-383.

Glenn R B A G，2011. Dynamic floodplain vegetation model development for the Kootenai River，USA[J]. Journal of Environmental Management，92（12）：3058-3070.

Górski K，Collier K J，Duggan I C，et al.，2013. Connectivity and complexity of floodplain habitats govern zooplankton dynamics in a large temperate river system[J]. Freshwater Biology，58（7）：1458-1470.

Gostner W，Parasiewicz P，Schleiss A J，2013. A case study on spatial and temporal hydraulic variability in an alpine gravel-bed stream based on the hydromorphological index of diversity[J]. Ecohydrology，6（4）：652-667.

Grechi L，Franco A，Palmeri L，et al.，2016. An ecosystem model of the lower Po river for use in ecological risk assessment of xenobiotics[J]. Ecological Modelling，332：42-58.

Grenyer R，Orme C，Jackson S，et al.，2006. Global distribution and conservation of rare and threatened vertebrates[J]. Nature，444（7115）：93-96.

Haghighi A T，Marttila H，Kløve B，2014. Development of a new index to assess river regime impacts after dam construction[J]. Global and Planetary Change，122：186-196.

Harper D M，Smith C，Barham P，et al.，1995. The ecological basis for the management of the natural river environment[M]//Harper D M，Ferguson A J D. The ecological basis for river management. Chichester：John Wiley and Sons：219-238.

Hauer C，Unfer G，Holzmann H，et al.，2013. The impact of discharge change on physical instream habitats and its response to river morphology[J]. Climatic Change，116（3-4）：827-850.

Huang Q，Gao J F，Cai Y J，et al.，2015. Development and application of benthic macroinvertebrate-based multimetric indices for the assessment of streams and rivers in the Taihu Basin，China[J]. Ecological Indicators，48：649-659.

Johnston C W A，1972. The effects of speed and accuracy strategies in an information-reduction task[J]. Attention Perception & Psychophysics，12（1）：1-4.

Jowett I G，1997. Instream flow methods：a comparison of approaches[J]. Regulated Rivers：Research & Management，13（2）：115-127.

Jowett I G，2003. Hydraulic constraints on habitat suitability for benthic invertebrates in gravel-bed rivers[J]. River Research and Applications，19（5-6）：495-507.

Karr J R，2010. Defining and assessing ecological integrity：Beyond water quality[J]. Environmental

Toxicology & Chemistry，12（9）：1521-1531.

Kern K，Fleischhacker T，Sommer M，et al.，2002. Ecomorphological survey of large rivers—Monitoring and assessment of physical habitat conditions and its relevance to biodiversity[J]. Large Rivers，13（1-2）：1-28.

Knight R R，Gregory M B，Wales A K，2008. Relating streamflow characteristics to specialized insectivores in the Tennessee River Valley：a regional approach[J]. Ecohydrology，1（4）：394-407.

Kristensen E A，Baattrup-pedersen A，Thodsen H，2011. An evaluation of restoration practises in lowland streams：Has the physical integrity been re-created？[J]. Ecological Engineering，37（11）：1654-1660.

Lawa F A，Ali S S，Kareem K H，2000. Geological and hydrogeological survey of Sulaimaniyah and Kirkuk area. Part one[M]. Crosssections. FAO. UN agency Baghdad-Iraq.

Leslie P，1947. Some further notes on the use of matrices in population mathematics[J]. Biometrika，35（3-4）：213-245.

Lite S J，Bagstad K J，Stromberg J C，2005. Riparian plant species richness along lateral and longitudinal gradients of water stress and flood disturbance，San Pedro River，Arizona，USA[J]. Journal of Arid Environments，63（4）：785-813.

Lite S J，Stromberg J C，2005. Surface water and ground-water thresholds for maintaining Populus-Salix forests，San Pedro River，Arizona[J]. Biological Conservation，125（2）：153-167.

Maddock I，1999. The importance of physical habitat assessment for evaluating river health[J]. Freshwater Biology，41（2）：373-391.

Maddock I，2010. The importance of physical habitat assessment for evaluating river health[J]. Freshwater Biology，41（2）：373-391.

Magurran A E，2010. Species abundance distributions over time[J]. Ecology Letters，10（5）：347-354.

Meek C S，Richardson D M，Mucina L，2010. A river runs through it：Land-use and the composition of vegetation along a riparian corridor，South Africa[J]. Biological Conservation，143（1）：156-164.

Merritt D M，Nilsson C，Jansson R，2010. Consequences of propagule dispersal and river fragmentation for riparian plant community diversity and turnover[J]. Ecological Monographs，80（4）：609-626.

Merritt D M，Scott M L，LeRoy Poff N，et al.，2010. Theory，methods and tools for determining environmental flows for riparian vegetation：riparian vegetation-flow response guilds[J]. Freshwater Biology，55（1）：206-225.

Mouton A，De Baets B，Goethals P，2009. Knowledge-based versus data-driven fuzzy habitat suitability models for river management[J]. Environmental Modelling & Software，24（8）：982-993.

Mouton A，Schneider M，Kopecki I，et al.，2006. Application of MesoCASiMiR：Assessment of *Baetis rhodani* habitat suitability[C]//Proceedings of the Third International Congress on Environmental Modelling and Software，Burlingaton.

Muhar S，Schwarz M，Schmutz S，et al.，2000. Identification of rivers with high and good habitat quality：methodological approach and applications in Austria[M]//Jungwirth M，Muhar S，Schmutz S. Assessing the Ecological Waters. Dordrecht：Springer：343-358.

Naumburg E，Mata-gonzalez R，Hunter R G，et al.，2005. Phreatophytic vegetation and groundwater fluctuations：a review of current research and application of ecosystem response modeling with an emphasis on Great Basin vegetation[J]. Environmental Management，35（6）：726-740.

Navratil O，Albert M B，2010. Non-linearity of reach hydraulic geometry relations[J]. Journal of Hydrology，388（3-4）：280-290.

Nesslage G M，Wainger L A，Harms N E，et al.，2016. Quantifying the population response of invasive water hyacinth，Eichhornia crassipes，to biological control and winter weather in Louisiana，USA[J]. Biological Invasions，18（7）：1-9.

Newson M D，Newson C L，2000. Geomorphology，ecology and river channel habitat：mesoscale approaches to basin-scale challenges[J]. Progress in Physical Geography，24（2）：17-95.

Nilsson C，Reidy C A，Dynesius M，et al.，2005. Fragmentation and flow regulation of the world's large river systems[J]. Science，308（5720）：405-408.

Parasiewicz P，2007. The MesoHABSIM model revisited[J]. River Research and Applications，23：893-903.

Parasiewicz P，Castelli E，Rogers J N，et al.，2012. Multiplex modeling of physical habitat for endangered freshwater mussels[J]. Ecological Modelling，228（3）：66-75.

Parasiewicz P，Castelli E，Rogers J N，et al.，2017. Implementation of the natural flow paradigm to protect dwarf wedgemussel（*Alasmidonta heterodon*）in the Upper Delaware River[J]. River Research & Applications，33（2）：277-291.

Parasiewicz P，Rogers J N，Vezza P，et al.，2013. Applications of the MesoHABSIM simulation model[M]//Maddock I，Harby A，Kemp P，et al. Ecohydraulics：An Integrated Approach. New Jersey：John Wiley & Sons，Ltd：109-124.

Parasiewicz P，Ryan K，Vezza P，et al.，2013. Use of quantitative habitat models for establishing performance metrics in river restoration planning[J]. Ecohydrology，6（4）：668-678.

Pardo I，Armitage P D，1997. Species assemblages as descriptors of mesohabitats[J]. Hydrobiologia，344（1-3）：111-128.

Park R A，1974. A generalized model for simulating lake ecosystems[J]. Simulation，23（2）：33-50.

Parsons M，Thoms M，Norris R，2002. Australian River Assessment System：AusRivAS Physical Assessment Protocol[R/OL]. https：//ausrivas.ewater.org.au/protocol/Download/protocol-1.pdf.

Pearlstine L，Mckellar H，Kitchens W，1985. Modelling the impacts of a river diversion on bottomland forest communities in the Santee River Floodplain，South Carolina[J]. Ecological Modelling，29：283-302.

Petersen R C，1992. The RCE：a riparian，channel，and environmental inventory for small streams in the agricultural landscape[J]. Freshwater Biology，27（2）：295-306.

Petts G E，2009. Instream flow science for sustainable river management[J]. Jawra Journal of the American Water Resources Association，45（5）：1071-1086.

Petts G E，Gurnell A M，2005. Dams and geomorphology：research progress and future directions[J]. Geomorphology，71（1-2）：27-47.

Pilière A，Schipper A M，Breure A M，et al.，2014. Comparing responses of freshwater fish and invertebrate community integrity along multiple environmental gradients[J]. Ecological Indicators，43：215-226.

Poff N L，Richter B D，Arthington A H，et al.，2010. The Ecological Limits of Hydrologic Alteration （ELOHA）：A new framework for developing regional environmental flow standards[J]. Freshwater Biology，55（1）：147-170.

Ramsey J，Ramsey T S，2014. Ecological studies of polyploidy in the 100 years following its discovery[J]. Philosophical Transactions of the Royal Society B：Biological Sciences，369（1648）：20130352.

Rankin E T，1995. The use of habitat assessments in water resource management programs[M]//Davis W，Sirnon T. Biological Assessment and Criteria：Tools for Water Resource Planning and Decision Making. Boca Raton：Lewis Publishers.

Raven P J，Holmes N T H，Naura M，et al.，2000. Using river habitat survey for environmental assessment and catchment planning in the U.K.[J]. Hydrobiologia，422-423：359-367.

Regier D A，Narrow W E，Rae D S，et al.，1993. The de facto US mental and addictive disorders service system. Epidemiologic catchment area prospective 1-year prevalence rates of disorders and services[J]. Archives of General Psychiatry，50（2）：85.

Richter B D，Baumgartner J V，Braun D P，et al.，1998. A spatial assessment of hydrologic alteration within a river network[J]. Regulated Rivers：Research & Management：An International Journal Devoted to River Research and Management，14（4）：329-340.

Rolls R J，Arthington A H，2014. How do low magnitudes of hydrologic alteration impact riverine fish populations and assemblage characteristics？[J]. Ecological Indicators，39（4）：179-188.

Rosgen D L，1996. A classification of natural rivers：reply to the comments by J. R. Miller and J. B. Ritter[J]. Catena，27（3-4）：301-307.

Shi X，Liu J L，You X G，et al.，2017. Evaluation of river habitat integrity based on benthic macroinvertebrate-based multi-metric model[J]. Ecological Modelling，353：63-76.

Shugart H，West D C，1977. Development of Appalachian deciduous forest succession model and its application of assessment of the impact of the chestnut blight[J]. Journal of Environmental Management，5：161-179.

Siligardi M，Bernabi S，Cappelletti C，et al.，2000. Lake shorezone functionality index（SFI）[R].

Stalnaker C B，1979. The use of habitat structure preferenda for establishing flow regimes necessary for maintenance of fish habitat[M]//Ward J V，Stanford J A. The Ecology of Regulated Streams. Boston：. Springer.

Stewardson M，2005. Hydraulic geometry of stream reaches[J]. Journal of Hydrology，306（1-4）：97-111.

Stoddard J L，Herlihy A T，Peck D V，et al.，2008. A process for creating multimetric indices for large-scale aquatic surveys[J]. Freshwater Science，27（4）：878-891.

Tonina K D，2013. Comparison of hydromorphological assessment methods：Application to the Boise River，USA[J]. Journal of Hydrology，492：128-138.

Turowski J M，Hovius N，Wilson A，et al.，2008. Hydraulic geometry，river sediment and the definition of bedrock channels[J]. Geomorphology，99（1-4）：26-38.

Vannote R L，Minshall G W，Cummins K W，et al.，1980. The river continuum concept[J]. Canadian Journal of Fishery & Aquatic Science，37（1）：130-137.

Vezza P，Parasiewicz P，Calles O，et al.，2014. Modelling habitat requirements of bullhead（*Cottus gobio*）in Alpine streams[J]. Aquatic Sciences，76（1）：1-15.

Vezza P，Parasiewicz P，Spairani M，et al.，2014. Habitat modeling in high-gradient streams：The mesoscale approach and application[J]. Ecological Applications，24：844-861.

Wang B X，Liu D X，Liu S R，et al.，2012. Impacts of urbanization on stream habitats and macroinvertebrate communities in the tributaries of Qiangtang River，China[J]. Hydrobiologia，680（1）：39-51.

Ward J V，Stanford J A，1983. The serial discontinuity concept of lotic ecosystems[M]//Dynamics of Lotic Ecosystems.

Watts R J，Richter B D，Opperman J J，et al.，2011. Dam reoperation in an era of climate change[J]. Marine and Freshwater Research，62（3）：321-327.

Wentworth K，1922. A scale of grade and class terms for clastic sediments[J]. Journal of Geology，30（5）：377-392.

Yi Y J，Wang Z Y，Yang Z F，et al.，2010. Impact of the Gezhouba and Three Gorges Dams on habitat suitability of carps in the Yangtze River[J]. Journal of Hydrology，387（3-4）：283-291.

You X G，Liu J L，Zhang L L，2015. Ecological modeling of riparian vegetation under disturbances：A review[J]. Ecological Modelling，318（24）：293-300.

Zhang L L，Liu J L，2014. AQUATOX coupled foodweb model for ecosystem risk assessment of polybrominated diphenyl ethers（PBDEs）in lake ecosystems[J]. Environmental Pollution，191：80-92.

Zimmerman R D，Murillo-sánchez C E，Thomas R J，2010. MATPOWER：Steady-state operations，planning，and analysis tools for power systems research and education[J]. IEEE Transactions on power systems，26（1）：12-19.

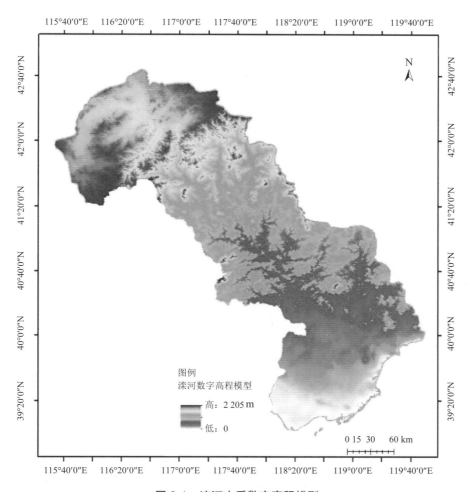

图 3-1　滦河水系数字高程模型

（a）2014 年 10 月　　　　　（b）2015 年 5 月　　　　　（c）2015 年 7 月

图 3-3　上游 L3 白城子点位照片

（a）2014 年 10 月　　　　　（b）2015 年 5 月　　　　　（c）2015 年 7 月

图 3-4　中游 L7 苏家店点位照片

（a）2014 年 10 月　　　　　（b）2015 年 5 月　　　　　（c）2015 年 7 月

图 3-5　中下游 L13 乌龙矶点位照片

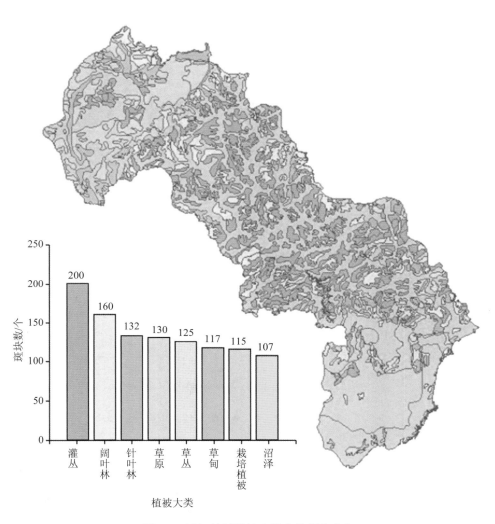

图 3-6 滦河流域植被大类斑块频度分布

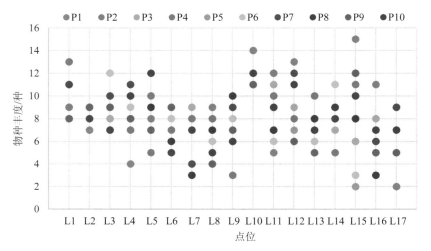

图 3-8　各点位间植物物种丰度差异

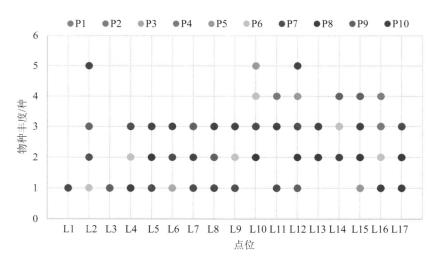

图 3-9　各点位间外来植物物种丰度差异

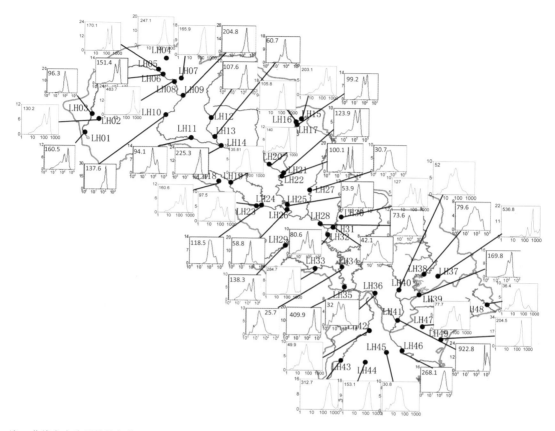

注：曲线左上为平均粒径值（μm）。

图 4-7 滦河水系样点沉积物粒度频率曲线分布

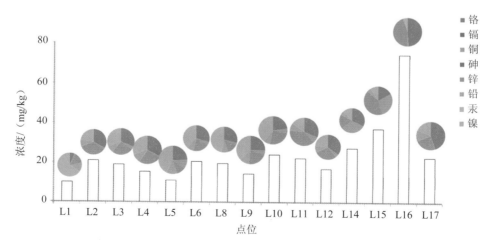

图 4-14 滦河 15 个点位沉积物样品中重金属平均浓度及组分

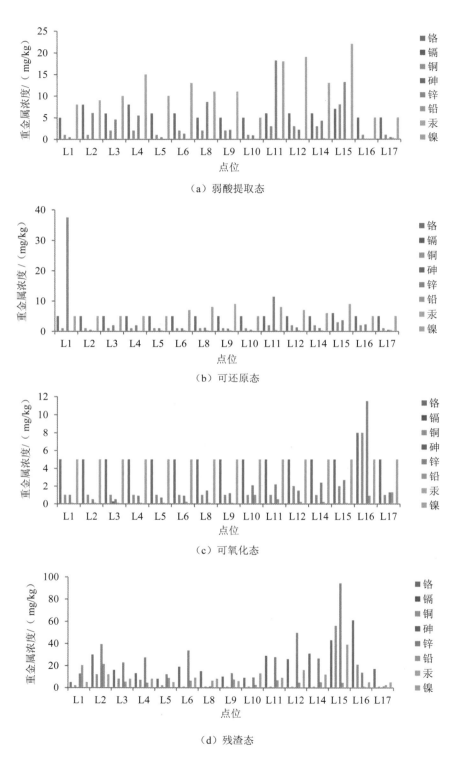

（a）弱酸提取态

（b）可还原态

（c）可氧化态

（d）残渣态

图 4-15　滦河 15 个点位沉积物样品中重金属不同形态含量分布

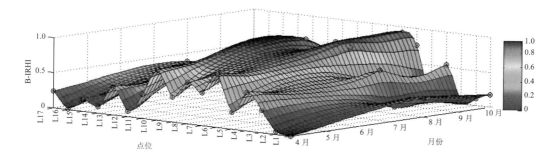

图 6-3　滦河 B-IRHI 时空分布曲面图

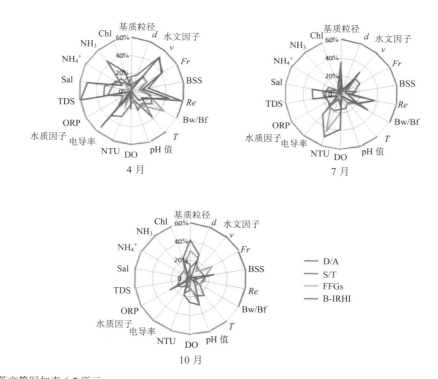

注：图中英文简写如表 6-7 所示。

图 6-6　滦河 17 个点位各季节水文因子和水质因子对生物指标的贡献率雷达图

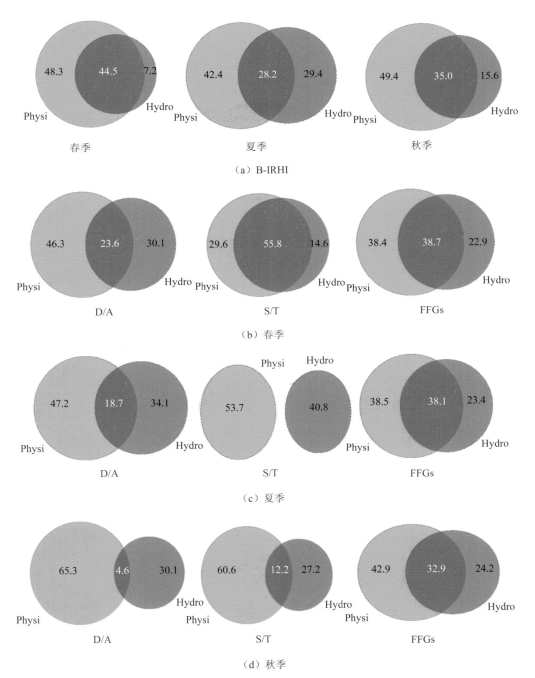

注："Hydro"表示水文因子贡献率；"Physi"表示水质因子贡献率；D/A表示群落结构组成类指标；S/T表示耐污与敏感性类指标；FFGs表示功能摄食类群指标。

图 6-7　水文因子和水质因子复合贡献率韦恩图

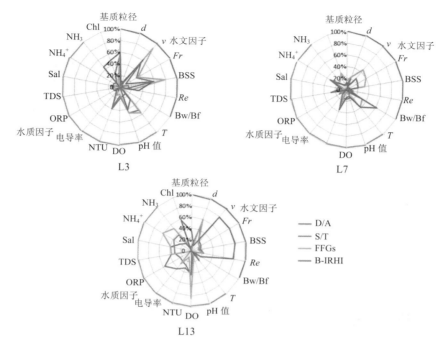

注：图中英文简写如表6-7所示。

图6-11　各基质类型河段水文因子和水质因子对生物指标的贡献率雷达图

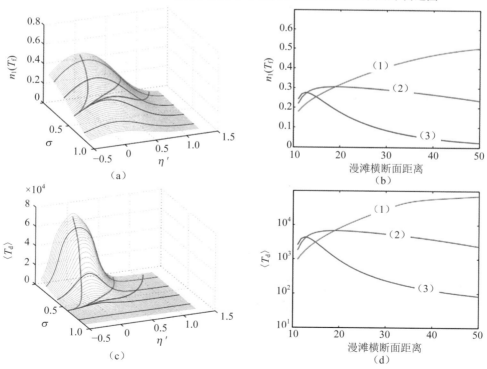

图7-4　种群规模均值、平均寿命在（η', $\sigma_{h'}$）空间和沿漫滩横向断面坐标 x 方向的分布

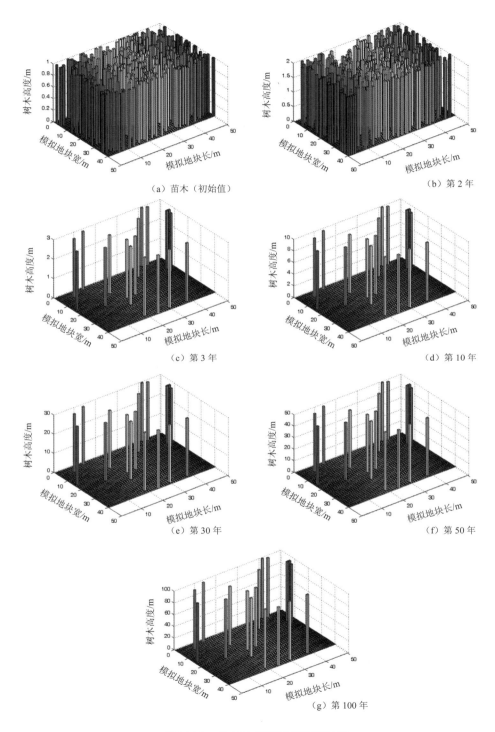

（a）苗木（初始值）　　　　　　　　（b）第2年

（c）第3年　　　　　　　　　　（d）第10年

（e）第30年　　　　　　　　　　（f）第50年

（g）第100年

图7-10　STEM模型模拟预测结果